医药类专业规划教材

制药设备操作与维护

（固体制剂）

ZHIYAO SHEBEI CAOZUO YU WEIHU (GUTI ZHIJI)

主　编　蒋翔宇　牛　森
副主编　刘丛丛　邱　宇

苏州大学出版社
Soochow University Press

图书在版编目(CIP)数据

制药设备操作与维护. 固体制剂 / 蒋翔宇，牛森主编. — 苏州 ：苏州大学出版社，2025. 8(2025. 8重印). —(医药类专业规划教材). — ISBN 978-7-5672-5231-8

Ⅰ. TQ460.5

中国国家版本馆 CIP 数据核字第 20256YB455 号

ZHIYAO SHEBEI CAOZUO YU WEIHU(GUTI ZHIJI)

书　　名：制药设备操作与维护(固体制剂)

主　　编：蒋翔宇　牛　森

责任编辑：赵晓嬿

助理编辑：谢　刚

封面设计：刘　俊

出版发行：苏州大学出版社(Soochow University Press)

社　　址：苏州市十梓街 1 号　**邮编**：215006

印　　装：苏州市古得堡数码印刷有限公司

网　　址：www.sudapress.com

邮　　箱：sdcbs@suda.edu.cn

邮购热线：0512-67480030

销售热线：0512-67481020

开　　本：787 mm×1 092 mm　1/16　**印张**：9.75　**字数**：244 千

版　　次：2025 年 8 月第 1 版

印　　次：2025 年 8 月第 2 次印刷

书　　号：ISBN 978-7-5672-5231-8

定　　价：40.00 元

前　言

“制药设备操作与维护”是一门实践性很强的专业课，我们在教材的编写中突出知识性、实践性和应用性，理论知识做到“必需、够用”，技能的培养注重体现“以专业人才培养目标为依据，以岗位需求为导向，以增强学生就业创业能力为核心，以职业能力培养为根本”的教育理念。

《制药设备操作与维护（固体制剂）》主要以典型固体制剂颗粒剂、片剂、胶囊剂等剂型的生产及包装设备的结构、操作和维护维修等基本内容为主线进行编写。我们力求把设备基础理论、操作与维护维修技能等相关内容紧密相连在一起，突出设备的标准化操作规程和常见故障排除，引导学生在掌握专用设备的基础上，较多地认识相关设备。

本教材是团队合作的结晶，编者们反复磋商、数易其稿，最终由主编蒋翔宇、牛森统稿，常州机电职业技术学院王行刚教授主审。编写人员及分工如下：刘丛丛编写项目一中任务一、二，邱宇编写项目一中任务三、四，牛森编写项目二中任务一，谢韬编写项目二中任务二，蒋翔宇编写项目三中任务一，恽非编写项目三中任务二，郭庆伟、关祥龙编写附录一和附录二。

本教材在编写过程中得到了苏州大学出版社、编者所在单位领导及有关药品生产企业领导和技术人员的大力支持，在此谨向这些单位及个人表示衷心感谢。

因编者水平所限，疏漏或不足之处在所难免，敬请广大读者批评指正，以利再版时改正和提高。

目　　录

项目一 片剂设备

任务一 高速混合制粒机

学习目标

1. 能认识高速混合制粒机的组成。
2. 能正确操作高速混合制粒机。
3. 能正确维护维修高速混合制粒机。

所需设备和工具

任务所需设备和工具见表 1－1。

表 1－1　所需设备和工具

名称	规格	单位	数量
高速混合制粒机	HLSG－50 型	台	1
工作服		套	1
维护维修工具箱		个	1

一、高速混合制粒机基本结构与工作原理

高速混合制粒机整体结构如图 1－1 所示。

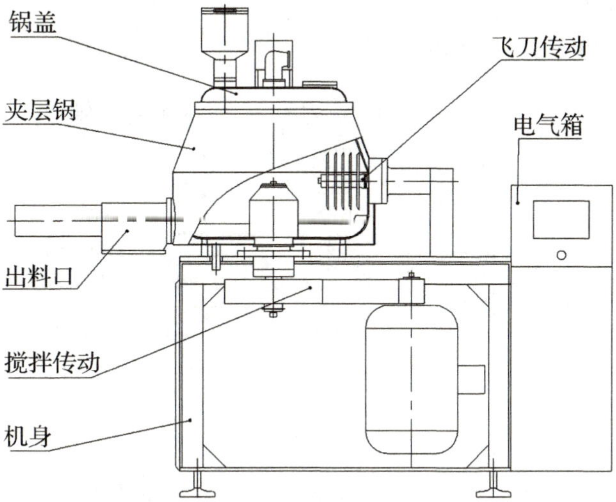

图 1－1　高速混合制粒机整体结构图

该机由机身作支撑，夹层锅为盛料器，搅拌传动与飞刀传动为动力，用搅拌桨叶搅拌物料，使物料在短时间内翻滚混合成软材，再由飞刀切割使其变成颗粒，最后从出料口排出。改变搅拌桨叶和切割飞刀的转速，可获得不同大小的颗粒。

二、主要结构及作用

1. 机身

机身由角钢与板钢焊接而成，外表包衬不锈钢，机身主要起到对各部件的支撑作用，它的内部安装有搅拌电机、飞刀电机、同步带传动机构以及各种气动元件。

2. 搅拌传动与锅

搅拌传动与锅如图 1－2 所示。

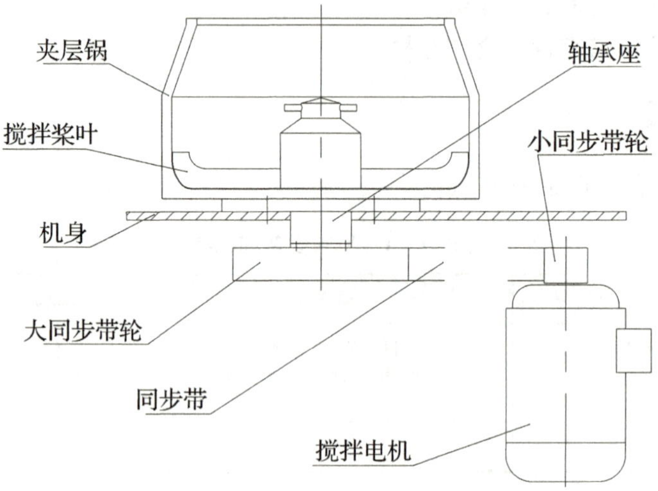

图 1－2　搅拌传动与锅

搅拌传动的动力由搅拌电机提供，通过同步带传动给搅拌轴，搅拌桨叶由螺杆紧固在搅拌轴上，搅拌电机与同步带传动机构安装在机身台板的下方。

3. 绞碎（切割）机构

绞碎（切割）机构如图 1－3 所示。

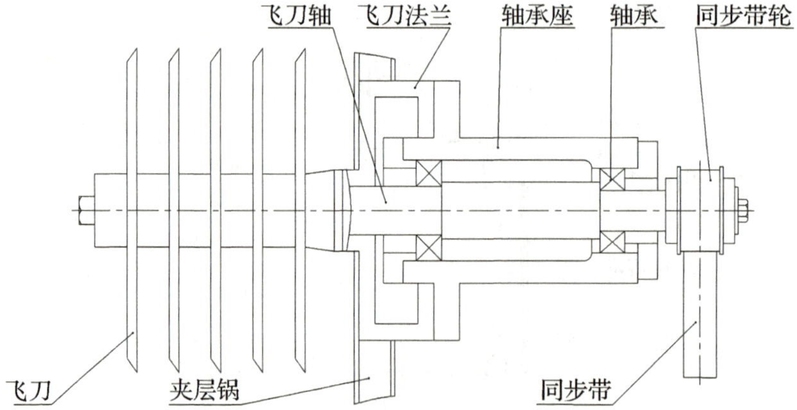

图 1－3　绞碎（切割）机构

绞碎（切割）机构由装在机身台板下的飞刀电机通过同步带传动，带动飞刀轴在锅内高速旋转，飞刀轴上装有可拆卸的两把飞刀，飞刀在锅里进行高速运转切割软材使其成为颗粒。

4. 锅盖

锅盖是由不锈钢封头与不锈钢圈焊接精加工而成的，锅盖下口装有 T 形硅胶密封圈。本机采用手工开启锅盖，当锅盖关闭时，扣紧拉紧把手使锅盖与锅体密封。锅盖上方有观察孔、滴浆孔与刮粉法兰。

5. 出料

出料门装在一只防旋转的气缸上。当气缸往前推进时，清洁喷气嘴向出料口喷气，清洁出料口的粉粒，使出料门顺利密闭；当气缸后退时，出料门打开，物料（颗粒）在桨叶的推动下，从出料口排出。

三、电气控制系统

1. PLC 控制说明

操作可以设置为自动状态或手动状态。当设定为自动状态时，先输入菜单编号，机器即按该菜单自动运行；当设定为手动状态时，由显示屏提示触摸相应文字键，机器按照相应的功能运行。机器在自动状态下运行时，显示屏会显示锅内的运行情况，如温度值、桨叶转速、飞刀转速、运行时间、电流值、喷浆图形及各电磁阀、电机的开停状态提示。

2. PLC 面板操作说明

(1) 通电，显示欢迎画面，进入首页，如图 1－4 所示。

图 1－4　首页（HLSG－50 型）

页面下方有“运行准备”“自动”“手动”“参数设置”“系统介绍”等文字按键，触摸相应的按键进入相应的操作画面。

(2) 触摸“运行准备”键进入运行准备画面，如图 1－5 所示。

触摸电源开关，接通电源，画面变为图 1－6 所示。机器进入运行准备状态。

注意：机器运行前，必须进入运行准备画面，接通电源和气源，否则机器不能运行。

触摸“温度设置”下的“关”键，变为“开”键时，温度控制功能启动，触摸“温度设置”后的一个方框，弹出一个数字键盘（图 1－7），输入相应的温度值，触摸“ENTER”即可完成温度设置。

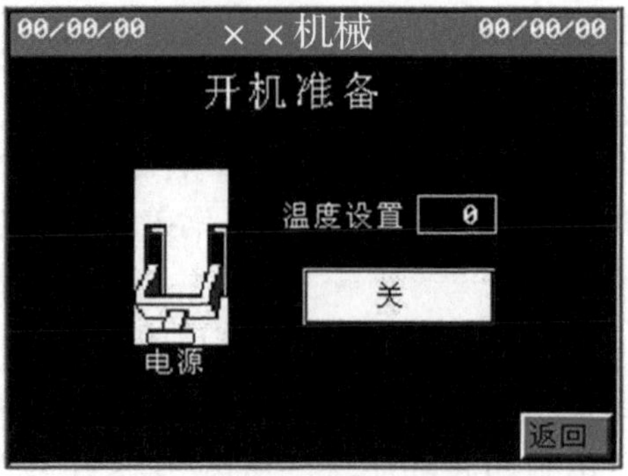

图 1－5　运行准备（电源未接通）

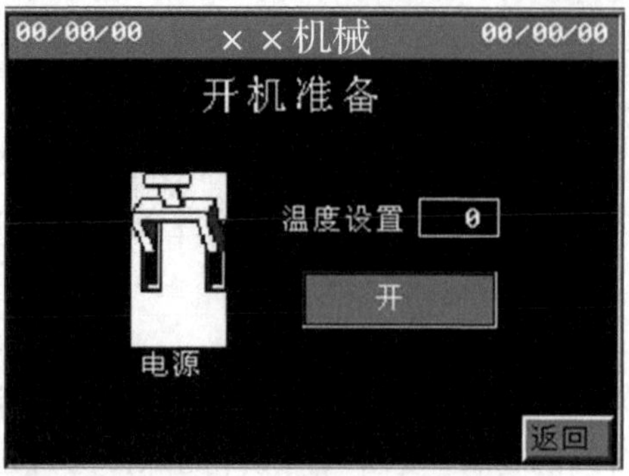

图 1－6　运行准备（电源接通）

图 1－7　数字键盘

（3）返回首页，触摸首页中的“手动”键，进入手动操作画面，如图 1－8 所示。

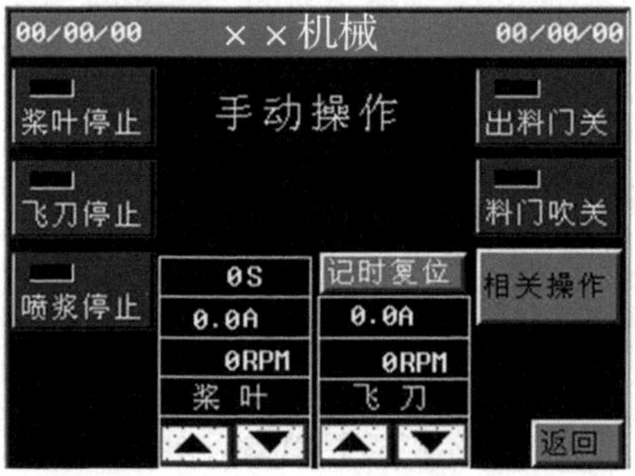

图 1－8　手动操作

① 松开拉紧把手，打开锅盖，即可投料。

② 投料完毕，扣紧拉紧把手，关好锅盖。

触摸“浆叶停止”、“飞刀停止”和“喷浆停止”键后，其变为“浆叶运行”、“飞刀运行”和“喷浆运行”，浆叶、飞刀、喷浆电机开始运行，浆叶和飞刀电机速度可通过浆叶和飞刀的“▲”和“▼”键分别调节。浆叶和飞刀电机的运行时间、电流值、速度显示在画面上。在下次手动运行前，触摸“记时复位”键，将运行时间值复位为零。运行完毕，触摸“出料门关”键，变为“出料门开”时，出料门打开，同时运行浆叶和飞刀，将物料从出料口排出，出料完毕，触摸“料门吹关”键，高压气从吹气口喷出，将出料口吹干净；再触摸“出料门开”键，变为“出料门关”时，出料门顺利闭合，与锅内壁平齐。

注意：非空载运行时，必须打开轴封进气后再运行桨叶和飞刀，否则物料可能进入轴封，产生黑点和二次污染。

③ 触摸“相关操作”键，进入相关操作画面，如图 1－9 所示。

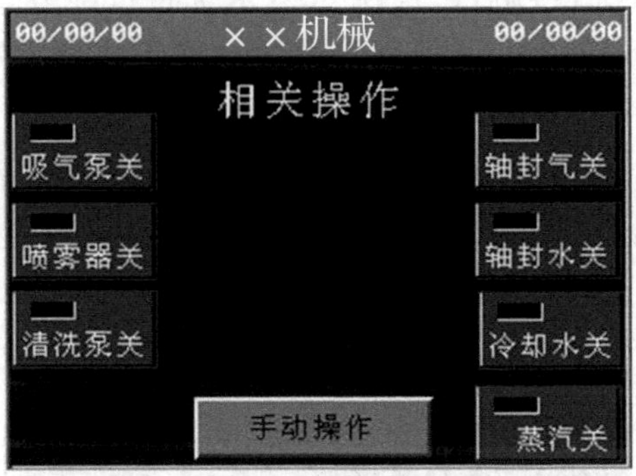

图 1－9　相关操作

a. 触摸“轴封气关”键，变为“轴封气开”时，桨叶和飞刀轴封通、高压洁净空气密封。

b. 触摸“吸气泵关”键，变为“吸气泵开”时，吸气泵开始从锅顶抽气，将制粒过程中产生的水蒸气带走。

c. 触摸“喷雾器关”键，变为“喷雾器开”时，喷枪开始喷浆。

d. 制粒出料完毕，触摸“清洗泵关”和“轴封水关”键，变为“清洗泵开”和“轴封水开”时，清洗泵启动，轴封进水，开始清洗。

e. 若需冷却，触摸“冷却水关”键，变为“冷却水开”时，冷却功能启动；若需加热，触摸“蒸汽关”键，变为“蒸汽开”时，加热功能启动。

(4) 返回首页，触摸首页画面中的“自动”键，进入自动操作画面，如图 1－10 所示。

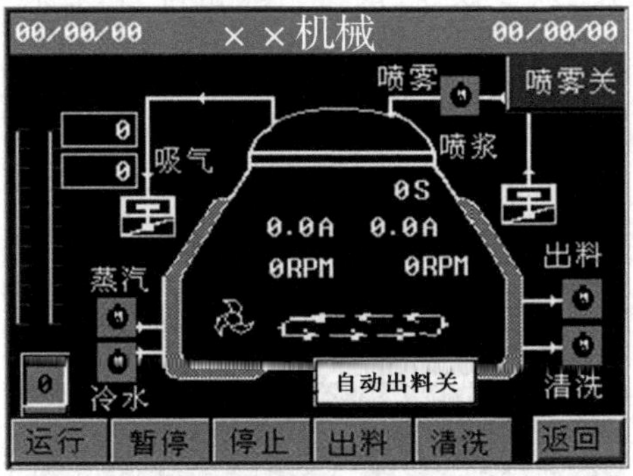

图 1－10　自动操作

① 松开拉紧把手，打开锅盖，投好料，扣紧拉紧把手，关好锅盖。

② 触摸左下角的方框，弹出一个数字键盘，输入一个设置好的配方号。

触摸“运行”键，机器按设置好的配方运行。若中途需要修改配方或观察物料，触摸“暂停”键，机器暂停，完成后再触摸“运行”键，机器则按修改后的配方或未完成的配方继续运行；若中途需要结束生产，先触摸“暂停”键，再触摸“停止”键，机器运行全部结束。

注意：若在运行过程中触摸“停止”键无效，必须先暂停后停止，才能结束运行。

③ 混合制粒结束后，触摸“出料”键，系统即按设置好的配方出料，结束后自动关闭料门。若中途要暂停，触摸“暂停”键即可，再触摸“运行”键，即可继续出料。若要强行结束出料，可先触摸“暂停”键再触摸“停止”键，使其停止。

④ 若要对机器进行清洗，可触摸“清洗”键，系统将按配方设置好的时间进行清洗，完成后自动停止清洗。若中途需要停止，先触摸“暂停”键，再触摸“结束”键，即可结束清洗工作。

⑤ 触摸“自动出料关”键，变为“自动出料开”时，机器在混合制粒完毕后，无须触摸任何键，自动按设置好的配方出料；当变为“自动出料关”时，机器在混合制粒完毕后，需触摸“出料”键，方可出料。

(5) 返回首页，触摸首页中的“参数设置”键，进入桨叶参数设置画面，如图 1－11 所示。

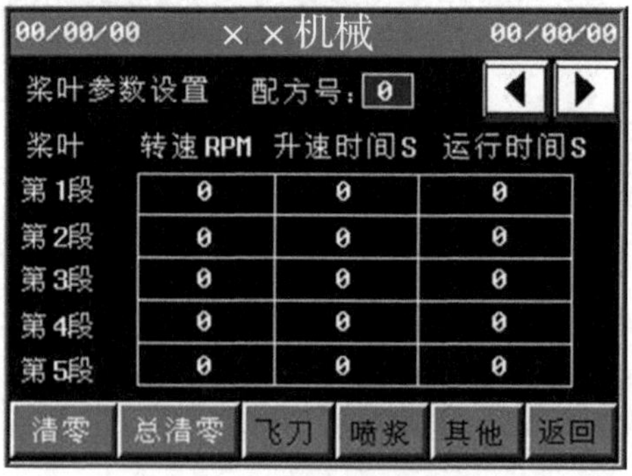

图 1－11　桨叶参数设置

① 新建药品配方，触摸“配方号”后的“◀”键和“▶”键，显示数字 1～9 组成的配方名(共有 9 个配方)。选定一个配方号后，触摸下面方框内的数字，在弹出的数字键盘上输入参数。若想清除当前选定好的配方参数，触摸“清零”键即可；若想清除所有的配方参数，触摸“总清零”键即可。

② 触摸“飞刀”键，进入飞刀参数设置画面，如图 1－12 所示。

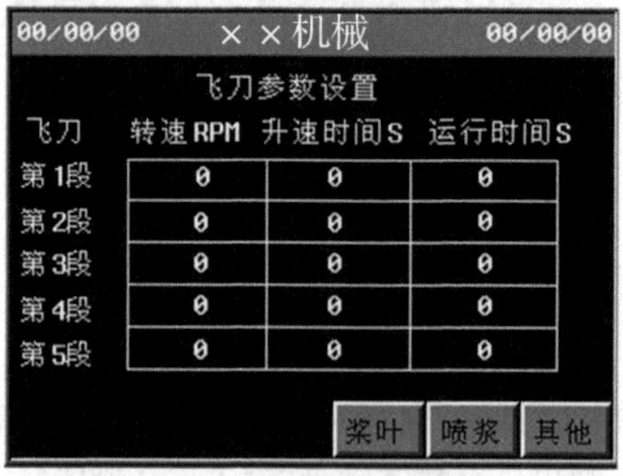

图 1－12　飞刀参数设置

触摸方框内的数字，在弹出的数字键盘上输入参数即可。

③ 触摸“喷浆”键，进入喷浆参数设置和放料清洗参数设置画面，如图 1－13 所示。

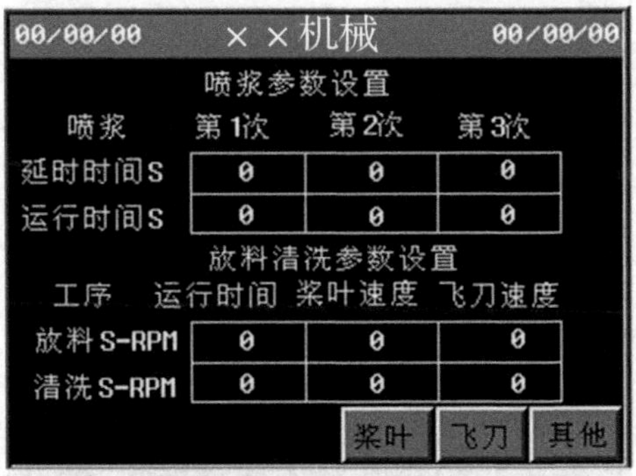

图 1－13　喷浆参数设置和放料清洗参数设置

触摸方框内的数字，在弹出的数字键盘上输入参数即可。

④ 触摸“其他”键，进入其他参数设置画面，如图 1－14 所示。

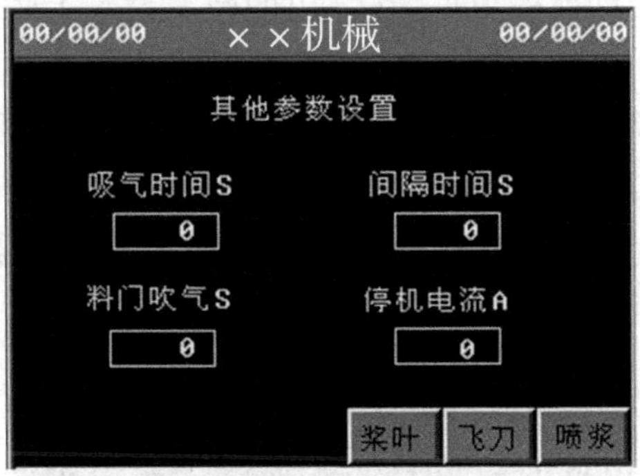

图 1－14　其他参数设置

触摸名称下的方框，在弹出的数字键盘上输入参数即可。

注意：新建配方时，必须先选择新的配方号后，才能进行配方参数输入，否则会将同名的配方参数覆盖；配方须一次完成，即桨叶、飞刀、喷浆、放料清洗、其他参数等设置须一次完成，这样的配方才完整。

（6）返回首页，触摸首页中的“系统介绍”键，进入系统介绍画面，如图 1－15 所示。触摸“返回”键，可返回首页画面。

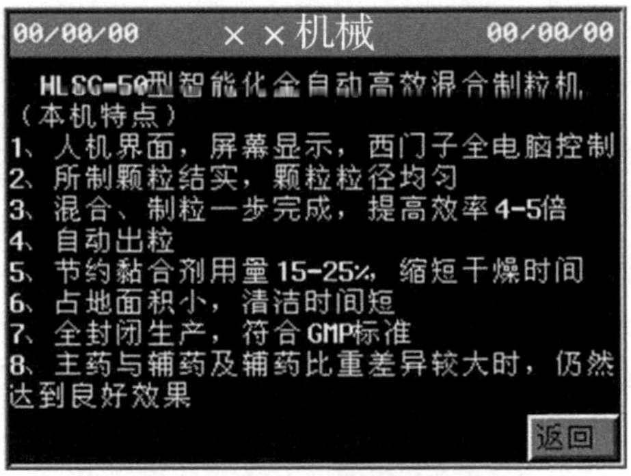

图 1－15　系统介绍画面

① 时间修正、参数设置、密码设置与解除。

a. 时间修正、参数设置。

触摸首页画面上方,进入时间修正与参数设置画面,如图 1-16 所示。

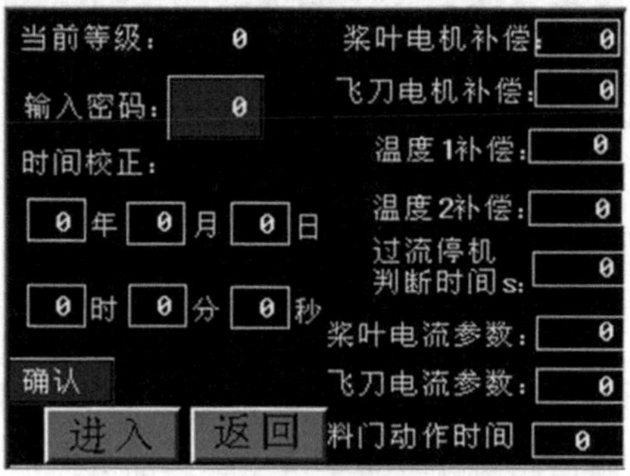

图 1-16　时间修正与参数设置画面

触摸年、月、日、时、分、秒前的方框,在弹出的数字键盘上输入正确的时间,再触摸"确认"键即可。

触摸右边各参数后的方框,在弹出的数字键盘上输入参数即可。

b. 检修密码设置与解除。

转到系统介绍画面,触摸第 4 条最右边空白处,进入检修密码画面,如图 1-17 所示。

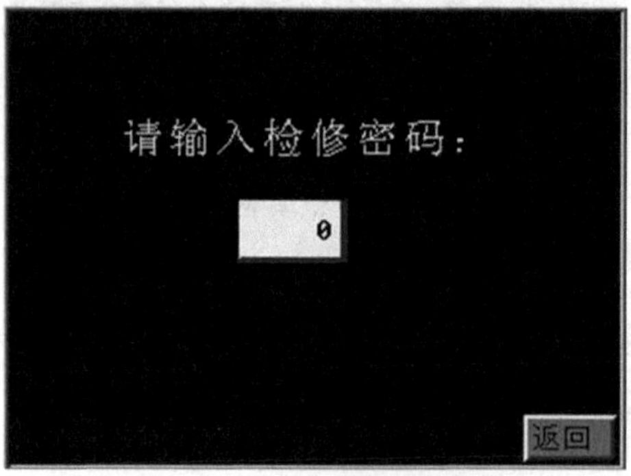

图 1-17　检修密码画面

触摸画面中的方框,在弹出的数字键盘上输入检修密码,机器即处于检修状态。

注意:检修状态下,锅盖打开,桨叶和飞刀可运转,请务必注意安全,若要退出检修状态,断电即可。

② 电器与电机设置。

本机配有 5 个 Y 系列电机:搅拌电机、飞刀电机、吸气电机、清洗泵电机、蠕动泵电机。搅拌电机和飞刀电机用变频调速,变频器受 PLC 控制。在主电路上装有 63 A 的断电接触器,由 PLC 和急停按钮控制它的通断,以防止主回路上的变频器放电或错误动作,其他 3 个电机(吸气电机、清洗泵电机、蠕动泵电机)由 PLC 和交流接触器连锁控制,电磁阀直接由 PLC 控制。

四、水、气控制系统

1. 水、气控制原理图

水、气控制原理图如图 1－18 所示。

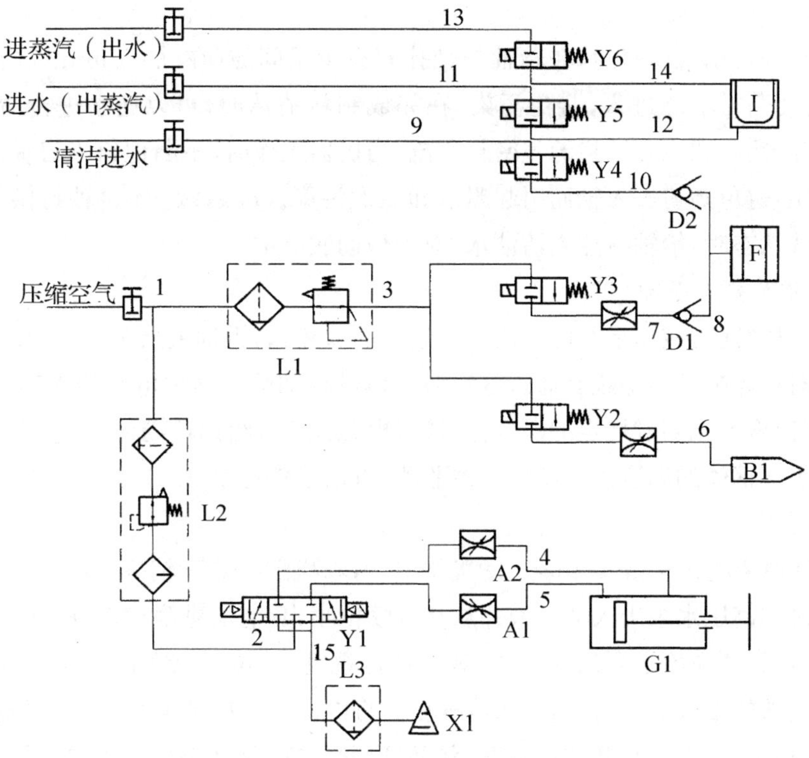

图 1－18 水、气控制原理图

L2 为气动三联件，第一件是空气过滤器，它的作用是对外来的压缩空气进行净化处理。第二件是减压阀，它的作用是调节压缩空气的压力，使之按机器需要的压力供气（压力压强一般为 0.4～0.6 MPa）。第三件是油雾器，它的作用是将润滑油进行定量的雾化，送到用于连接的各滑动件（如柱塞式电磁阀、气缸）。调节方法：用拇指和食指捏住字盘，顺时针旋转，当听到跳销跳动的一声“咔嚓”声时，喷油量最大；继续顺时针旋转，当临近跳销跳出时喷油量最小，机器的润滑油量每分钟约 1 滴，可以在油雾器上方的观察帽上观察到。

L1 是气动二联件，它只进行空气净化和调压，工作原理与作用等同于三联件 L2 的第一、二件。

气缸的移动速度由单向节流阀 A1、A2 调节，如要加快气缸速度时，可逆时针旋动节流阀阀针手柄，如要减速则相反。调节完毕后，拧紧阀针上的紧固螺母。如出料门到位时有较严重的震动，可用螺丝刀调节气缸上的阻尼孔，顺时针旋转可减少或关闭阻尼排气，提高阻尼能力从而减轻震动，同时也使到位速度减慢。

2. 出料气缸与吹洁

出料气缸 G1 控制料门的开启与关闭，该气缸受三位五通电磁阀 Y1 控制。当物料在夹层锅内生产完毕后，PLC 控制电磁阀 Y1 右边线圈得电，使出料气缸前腔得气，气缸向后运动，打开料门，在桨叶的推动下，将物料从出料口排出；排料完毕后，在 PLC 的控制下，电磁阀 Y1 左边线圈得电，出料气缸后腔得气，气缸向前运动，同时，电磁阀 Y2 动作，使料门喷气嘴 B1 喷气，吹净出料口残余物料，使料门顺利关闭。

3. 轴封

本机转轴处采用气体密封，在转轴与轴孔间有少量间隙（在 0.05 mm 以内），通高压气体进行反吹，使药粉不能进入，避免污染，在完成制粒清洁时，可以通水进行清洁。电磁阀 Y3 控制供应给桨叶和飞刀轴封的气密封气流，当机器工作时，不断地给飞刀轴封供气，使轴封口形成正压，避免药粉进入轴而引起黑点和二次污染。电磁阀 Y4 给轴封供应清洁水，当机器进入清洗状态时，给轴封注入清洁水，对轴做彻底清洁。

4. 夹层锅加热与冷却

盛料器俗称“锅”，该锅是由内外两个锅组成的双套锅，也称夹层锅。两锅之间的空间可通入冷却水对锅体进行冷却或者通入蒸汽对锅体进行加热。通过电磁阀 Y5 给锅体灌注冷却水，使锅体温度不能超过规定的温升值；通过电磁阀 Y6 给锅体灌注蒸汽，使锅体加温，保持一定的温度。锅体的温度由温度传感器监测，将信号传送给 PLC 处理控制。

5. CIP 系统

CIP 是就地清洗（Clean-In-Place）的英文缩写，本机配有 CIP 辅机，该 CIP 是一台电机驱动的高压水泵。高压水泵吸入清洗液并从高压喷枪喷出，清洁黏附于锅壁、锅底的物料。启用新的清洗机时，须先给水泵加入机油，观察油位视镜，油位应该在视镜的中线。接着将进水管接到清洗液的接头上，或将其浸入液桶里。将电源插头插到电气箱上，触摸显示屏上的“清洗泵”键，显示为“清洗泵开”时，清洗泵电机启动。打开喷枪把手，此时不会喷液，要等到泵内与管路里的空气排尽后才会喷出高压液。

注意：从喷枪口喷出的是高压液，容易危害人身安全及电气系统。

6. 隔膜泵与喷浆系统

隔膜泵由高压气体提供动力，在高压气体的作用下，隔膜泵的两个隔膜腔不断拉大或压下，从而泵送浆料，浆料所经管道为不锈钢、聚四氟乙烯或硅胶材质材料，避免了有害物料对浆料的污染。

隔膜泵将浆料经管道泵送至喷枪。本机采用单头喷枪，喷枪头上都有一个节流阀可调节喷枪的喷气量。喷枪是精密部件，使用完毕时，应及时清洁，在清洁时要注意不能损伤机件，严禁用螺丝刀或锉刀等硬锋工具铲洗。如遇坚硬的物料结垢时，应泡在相应的溶剂里使之溶解后再清洗。

7. 抽气系统

抽气系统使用旋涡式气泵提供动力拉吸气流，气泵上配有一台同轴电机，抽气管接在锅盖顶端的排气口，从排气口过来的湿气经滤清桶内的滤袋过滤后进入气泵入口，再由气泵出口排出室外。滤清桶里的滤袋及桶腔要经常清洗。

五、机器的操作与维护维修

1. 机器使用和调整

(1) 工艺流程。

松开拉紧把手，打开锅盖，关闭好出料门，物料按药方配比称量，倒入配料桶，用提升车叉送到混合制粒机的锅口上方，打开料桶门，将料桶里的药粉全部投入锅内，关闭锅盖，扣紧拉紧把手，显示屏显示转到自动操作界面。选择一个设置好的配方，触摸“运行”键，机器即按既定程序进行搅拌混合、制粒，当制粒完毕，机器自动停转。再触摸“出料”键，机器进入出料程序，将颗粒从出料口排出。

(2) 操作程序。

① 空运转。

首先打开锅盖，检查锅体内有无异物。打开密封气阀，用手感知桨叶和飞刀轴头是否有气流流出。打开密封水阀，观察桨叶和飞刀轴头是否有水流出。检查放料门，开闭放料门两次，确定放料门启闭顺畅，并检查放料门在关闭状态时边缘与锅的放料口边缘是否齐平。接下来进行空载试运行，进入参数设置画面，设置一个空运行配方，再转到自动操作画面，选择已设置好的配方，触摸“运行”键，桨叶和飞刀启动按设置好的配方运行，配方运行完毕后自动停机。机器在空运行过程中若出现异常噪声或猛烈震动时，应立即停机，要先按暂停键，再按停止键，才能使机器停机。也可按机器电器箱左侧的蘑菇形急停按钮，使机器断电停机，并检查故障。

② 生产操作。

a. 合上电源开关。

b. 顺时针旋转蘑菇形急停按钮(当急停按钮在按下位置时需执行此操作)。

c. 显示屏显示首页画面，触摸“运行准备”键，进入运行准备画面。

d. 触摸电源开关，接通电源。

e. 返回到首页画面，触摸“自动”键，进入自动操作画面，选择一个配方号，机器即按选好的配方程序运行。

f. 屏幕左边的 2 条竖式标尺为温度显示。左 1 为锅腔内温度，在工作时即为物料温度；左 2 为介质温度，如给夹层锅通冷却水，即为夹层内的冷却水温度，如通蒸汽，即为夹层内的蒸汽温度。屏幕中间是一个锅体的示意图，锅体的左上方图标是吸气机的开停状态显示，颜色显示为浅色时为停止状态，颜色变为深色时为运行状态。锅顶左边方块显示振动气缸的运行状态，深色时为在振动，浅色时为停止；锅顶右边方块显示喷头运行状态，变成深色时为喷头工作，并在喷头下方会有深色虚线闪烁，浅色时为停止喷雾。与喷头用粗线连接的方块显示喷浆泵(蠕动泵)的工作状态，当颜色为深色时表示喷浆泵运行，浅色时停止。在锅体内显示有桨叶和飞刀示意图及运行数据，包括运行时间、电机电流、运行转速等。当停止工作时其数据全部归零。在锅体的下方和右下方共有四个方块，分别显示进出冷却水、进出蒸汽、出料和清洗启停的状态，显示模式同上。示意图锅体左边方框内的数字为正在运行的配方号。

(3) 桨叶拆卸(图 1－19)。

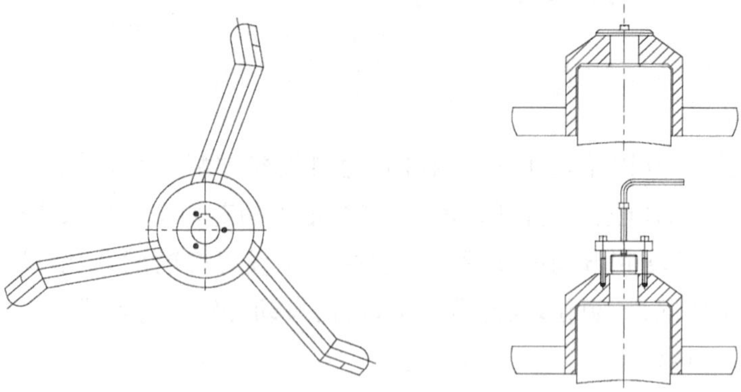

图 1－19　桨叶拆卸

先用扳手卸下螺杆，取下盖圈，再用专用的拉板拉出桨叶。

注意：取出和安装桨叶时要小心轻放，不要划伤或碰伤锅壁。

2. 常见故障及其排除方法

高速混合制粒机常见故障及其排除方法见表 1－2。

表 1－2　常见故障及其排除方法

常见故障	排除方法
显示屏提示电机已运转，但电机不转	① 转到运行准备画面，触摸电源开关，接通电源 ② 顺时针旋转紧停按钮 ③ 打开电柜门，观察变频器是否显示故障代号，如有各种英文字母出现，请查阅变频器说明书的“故障原因及排除方法”
显示屏提示，本机欠费您只能工作××小时或××天	请及时告知上级领导，将欠费汇出，当欠费汇出后，请与制造商联系解除警告
锅盖在开启状态，要启动机器，而机器不启动	请机修人员先输入检修密码，机器即会启动，严禁非机修人员启动该程序
机器在正常运行时发生剧烈震动	① 检查桨叶或飞刀是否变形 ② 检查传动件轴承
喷枪喷雾雾化不良	① 气压过低 ② 蠕动泵转速设置不合理 ③ 喷嘴堵塞
机器暂停后不能启动	延长该配方程序段升速时间
机器运行 15 min 后还不能成粒	① 配方不合理，请与公司药剂师联系，调整配方(黏合剂不够) ② 机器设置程序不合理，请给二至四段的桨叶程序加速，飞刀程序减速 ③ 给机器加温
机器运行不到 7 min 时物料已产生结块	① 配方不合理，请与公司药剂师联系，调整配方(黏合剂过量) ② 机器设置程序不合理，请给一至五段的桨叶程序减速，飞刀程序加速 ③ 给机器降温

进度考核评定

◇进度考核题目

一、简答题

1. 简述高速混合制粒机的组成。
2. 简述高速混合制粒机的操作要点。
3. 简述高速混合制粒机的维护维修要点。

二、实际操作题

按要求操作并维护维修高速混合制粒机。

◇进度考核评定标准

进度考核评定标准见表1-3。

表1-3 进度考核评定标准

编号	考核内容	分值	得分
1	能认识高速混合制粒机的组成	30	
2	能正确操作高速混合制粒机	40	
3	能维护维修高速混合制粒机	30	
合 计		100	

任务二　沸腾制粒机

学习目标

1. 能正确操作沸腾制粒机。
2. 能正确维护维修沸腾制粒机。

所需设备和工具

任务所需设备和工具见表 1－4。

表 1－4　所需设备和工具

名称	规格	单位	数量
沸腾制粒机	FLP120 型	台	1
工作服		套	1
维护维修工具箱		个	1

一、沸腾制粒机工作原理

沸腾制粒机是以沸腾形式进行混合、造粒、干燥的一步制粒设备，故又称一步制粒机。沸腾制粒机工作原理如图 1－20 所示。图 1－20(a)中容器上部的两个箭头表示粉末状物料的运动过程，物料受到下部热气流的作用，由下而上运动到最高点后向四周分开下落，至底部再集中于中间向上运动，如此循环往复。喷枪与外部管道连接，溶液由泵通过管道打入喷枪再喷到物料中，喷枪的位置一般置于物料运动的最高点上方，以免物料将喷枪堵塞。这种结构为顶喷装置，其喷液方向与物料运动方向相反。另外还有两种喷雾装置：一种是底喷装置，即喷液方向与物料运动方向相同，这种结构的机器主要适用于包衣，如薄膜包衣、缓释包衣、肠溶包衣等；另一种是切线喷装置，这种装置的喷枪位于容器壁上，由于容器的底部装有旋转运动的转盘，因此物料的运动除了有上下运动外，还有圆周运动，这样就形成了物料的

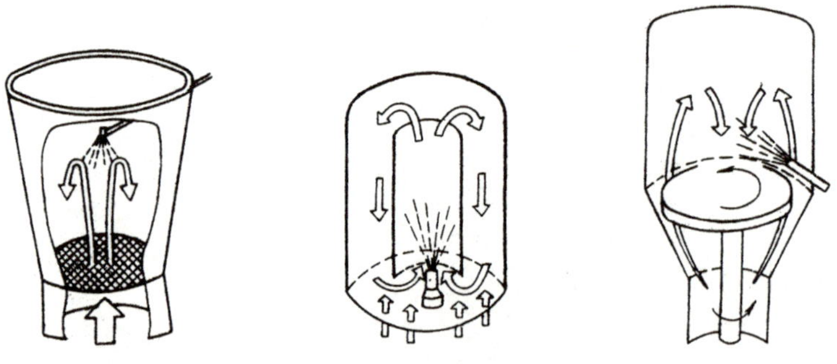

(a) 顶喷装置　(b) 底喷装置　(c) 切线喷装置

图 1－20　沸腾制粒机工作原理

螺旋状运动，因此喷枪喷液的方向与物料运动切线方向相同，这种装置除适用于制粒外，还适用于制微丸。

将制粒用粉末或包衣用颗粒（粉）物料投入盛料器内，冷空气从主机后部加热室进入，经初效、中效过滤，经加热器加热至进风所需温度后进入沸腾室，粉末（颗粒）在床内呈流态化，制粒用黏结剂由输液泵送入双流体雾化器，经雾化后喷向流化的物料。粉末间相互架桥聚集成粒并变大或在待包衣物料上形成薄膜，水分挥发后由排风带出机外。

二、沸腾制粒机的结构组成

FLP120 型沸腾制粒机的结构如图 1－21 所示。

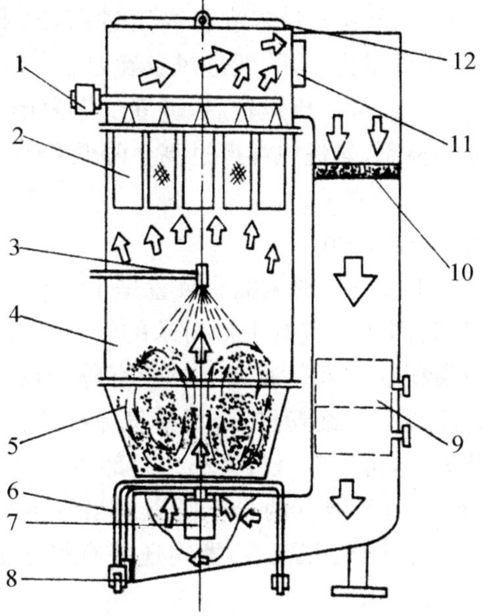

1. 反冲装置；2. 滤袋；3. 喷枪；4. 喷雾室；5. 盛料器；6. 台车；7. 顶升气缸；8. 排水口；9. 加热器；10. 空气过滤器；11. 排气口；12. 安全盖。

图 1－21　FLP120 型沸腾制粒机的结构图

1. 空气过滤加热部分

这一部分的上端有两个口：一个空气进入口，一个空气排出口。空气进入后经过空气过滤器，滤去尘埃杂质，通过加热器进行热交换。气流吸热后从盛料器的底部向上冲出，使物料变为运动状态。这一部分有几个问题应引起注意。

（1）进气口有风门调节装置，可调节气流大小，以控制物料运动状态、温度等参数。

（2）空气过滤器应根据使用情况按时清理或更换，以保证进入容器内空气的净洁度。

（3）温度传感元件在加热器的后部，它是控制温度的最前沿部件，根据元件感温的情况及操作者的设定温度，通过控制仪器，去执行蒸汽阀门的启闭，以达到控制加热温度的目的。由于蒸汽加热时温度的升高和降低有一个时间过程，因此操作者在设定和控制时间时应注意温度变化有一个“滞后”的过程。

（4）由于管道内外的温度不同以及散热冷却等过程中，管道内空气中的水分有可能凝聚，造成最低部位积水，因此须定时从排水口排出积水，以保持管道内干燥。

2. 物料沸腾喷雾和加热部分

这一部分在图1-21中左半中间位置，下端是盛料器，安放在台车上。台车可以向外移出，向里推入到位，并被顶升气缸的上顶密封，形成工作状态。盛料器的底是一个布满直径为1～2 mm小孔的不锈钢板，其开孔率为4%～12%。上面覆盖一层用120目不锈钢丝制成的网布，称为分布板。分布板使网孔分布均匀，气流上升时流量均匀，避免造成“紊流或沟流”。上端是喷雾室，在该室中物料受气流及容器形态的影响，产生由中心向四周的上、下环流运动。黏合剂由上部喷枪喷出。粉末物料一边受黏合剂液滴的黏合，聚集成颗粒，一边受热气流的作用，除去水分，逐渐干燥。

粉末物料沸腾成粒是一个至关重要的操作过程，其中需要注意以下几点。首先是容器内的装量要适量，不能过多或过少，一般装量为容器最大容量的60%～80%。其次是风量的控制，起始时风量不宜过大，过大会造成粉末沸腾高度过高，黏附于滤袋表面，造成气流堵塞；风量调节以进风量略大于排风量为宜，一般进风量确定后，只需调节排风量；启动风机时风门需关闭，以减少启动电源功率，待风机运转后，可逐步加大排气风门，以形成理想的物料沸腾状态。最后是进风温度的控制，若进风温度过高会降低颗粒粒度，过低会使物料过分湿润而结块。

3. 粉末捕集、反吹装置及排风结构

这一部分在图1-21中左上位置。粉末捕集装置是14个由尼龙布做成的圆柱形滤袋，分别套在14个圆形框架上扎紧而成。带有少量粉末的气流从滤袋外穿过滤袋网孔经排气口，再经风机排出，而粉末被集积在袋外。滤袋上方装有脉冲反吹装置，定时会有压缩空气向布袋吹风，使滤袋抖动，将滤袋上的细粉抖掉，保持气流畅通。细粉降下后与湿润的颗粒或粉末凝聚。排风口有调节风门，可调节风量大小。口部由法兰连接管道直通风机。

容器的顶部是安全盖，整个顶部装有两个半圆盖。当发生粉尘爆炸时，两盖被冲开泄爆；正常工作时，两盖靠自身重量将口压紧。容器内还装有静电消除装置，可及时消除因粉末摩擦而产生的静电。

4. 输液泵、喷枪管路、阀门和控制系统

喷枪的枪体有两个接口，一个是液体进口，另一个是压缩空气进口。喷枪工作时，压缩空气从帽与阀座的间隙冲出，使液体雾化成圆锥形。调节帽可调节喷液的角度，以确定喷液所覆盖的面积。一般喷雾压力可调至压强为0.3～0.35 MPa，液体流速为500～750 mL/min。整个喷雾过程所采用的黏合剂的种类、浓度、喷液含量以及空气压力等，都会对颗粒形成产生影响，因此要综合调节这些可变的参数，以保证制粒的质量。

FLP120型沸腾制粒机的控制系统如下。

压强为0.6 MPa的压缩空气经冷冻去湿（去水分）后进入系统。

第一路经过滤器滤去尘埃和水滴后，通过控制减压阀进入喷枪的旁路，调节喷枪的旁路喷雾压力。减压阀输出的气体压力大小受下面的换向阀输出的气体压力控制，这一气体由再下面的两个减压阀交替输出。一般旁路的喷雾压强可调节在0.05～0.2 MPa范围内。其作用是将喷出的液体雾化，使药物干燥结成颗粒，在喷枪关闭时气体将漏液吹散，不会滴入物料中影响质量。

第二路往下进入气体分配站，然后往下经油雾器进入二位五通阀。由两个二位三通阀控制五通阀的两个位置，可使气源进入顶缸活塞下部，使活塞上升，将制粒机容器与机身密封;或进入顶缸活塞上部,使活塞下降,将容器与机身分开。

第三路往上进入机内过滤袋上方,由脉冲阀控制压缩空气交替反吹,抖动滤袋,振落袋壁上的粉末。

三路气源受各部分阀门控制进入系统,而阀门动作由控制器按工艺要求进行设定。操作时,喷枪、顶升气缸和滤袋按设定程序和参数进行工作。

进风和出风处皆有温度传感器,将接收到的温度信号反馈至控制器,按操作设定的温度由蒸汽电磁阀打开或关闭蒸汽回路,使经过加热器的空气温度得到控制。

三、机器的操作

该设备需要电力、压缩空气和蒸汽三种动力源。电力主要供给引风机、输液泵和控制柜。压缩空气主要用于雾化黏合剂、脉冲反吹装置、阀门和驱动气缸。蒸汽主要用于加热流动的空气,使物料干燥。操作要点如下。

1. 准备工作

(1) 检查空气压缩机的润滑油是否加入到位,储气罐内是否有冷却水,并排尽。

(2) 检查油雾器内是否有油,并加注到位(食用植物油)。

(3) 检查蠕动泵进料管内是否加入液料。

(4) 接通控制柜电源。

(5) 接通空压机电源,并启动,调节输出压强至 0.45 MPa。

(6) 检查电流表、电压表指示是否良好。

(7) 将仪表开关合上,检查温度仪表是否正确,并设定进风温度。

(8) 将自动-手动开关置于手动,分别合上左风门、左清灰、右风门、右清灰开关,检查各开关动作是否灵活。

(9) 将自动-手动开关置于自动,同时合上自动开关,检查自动程序是否正确。

(10) 调整雾化器。将喷枪取出,启动输液泵。手动调节雾化压强至 0.25～0.4 MPa(视黏结剂黏度和喷液速度而定),合上开关喷液,调节压缩气压、泵速和雾化器前的调节帽至雾化良好。

2. 制粒及包衣

(1) 将喷枪装入到位,拧紧锁帽。

(2) 将物料推车推入主塔,开顶升开关,密封主塔。

(3) 关闭微调风门。

(4) 启动风机。

(5) 逐步开启微调风门,直至物料抛至中筒体视镜处,锁死手柄。

以上工作就绪,即可用自动程序造粒、包衣。

四、机器的维护维修

全套设备必须定期检查维护,使设备发挥应有性能,保持正常运转。仪器、仪表应保持干燥、清洁,设备周围、操作现场要经常打扫,保持清洁。

1. 压缩空气过滤器

每 6～12 个月,需拆开过滤器用软刷洗刷全部零件,每次运转前除尽下部积水。

2. 油雾器

每15天应加注食用植物油，以便电磁阀能及时得到润滑。

3. 空压机

每班工作完毕，清除罐内冷凝水。

4. 泵

本泵严禁反转、空转，工作时应在进料管内装满液料。

5. 喷枪

每周应用有机溶剂彻底清洗零件，以免堵塞。

6. 滤袋

随时检查其透气性能，一旦堵塞，应清洗。停机和更换品种时，亦应清洗。

7. 孔板

孔板如发生堵塞，粉料流化时就会产生沟流现象，造成流化不良，应及时加以清洗。

8. 进风过滤器

进风过滤器一旦堵塞，将造成进风量严重不足，导致流化恶化，因而每2～3个月应清洗或更换进风过滤器。

五、常见故障及其处理

沸腾制粒机常见故障、故障原因及其排除方法见表1-5。

表1-5　常见故障、故障原因及其排除方法

常见故障	故障原因	排除方法
沸腾状态不佳	过滤器长时间没有振动，滤袋上吸附的粉末太多	检查过滤器振动气缸
	沸腾高度太高，状态剧烈，床层负压高，粉末吸附在过滤器上	调小风门的开启度，振动过滤器
排除空气细粉多	过滤器滤袋破裂	检查过滤器滤袋是否有破口，如有小孔则不能用，必须补好或更换
	床层负压高，将细粉抽除	调节风门开启度
流化床出现沟流或死角	颗粒含湿量太高	降低颗粒湿度 先不装足量，待其稍干后再将湿颗粒加入
	湿颗粒进入原料容器内放置过久	湿颗粒不要久放于原料容器内 开机时将风门手动开闭几次，注意气缸的执行节奏，要全开全闭引风管，使其流化床内剧烈运动，抖动颗粒，消除沟流
流化床出现结块现象	部分湿颗粒在原料容器中压死	开机时将风门手动开闭几次，注意气缸的执行节奏，要全开全闭引风管，使其流化床内剧烈运动，抖动颗粒，消除沟流
	过滤器振动周期太长	调整振动时间

续　表

常见故障	故障原因	排除方法
制粒操作时颗粒不均	喷嘴开闭不严有滴流	检查喷嘴开闭情况是否灵敏可靠
	雾化压缩空气压力偏小	调整雾化压力 降低泵的电压，调小液流量
	喷嘴有块状物堵塞	检查喷嘴，排除块状异物
	喷嘴出口雾化角不好	调整喷嘴的雾化角
包衣时粘连	风量不足，流化平缓	加大调风门
	包衣供液太快	调低泵速
	中筒体风量不足	调低中筒体高度

进度考核评定

◇进度考核题目

一、简答题

1. 简述沸腾制粒机的结构组成。
2. 简述沸腾制粒机的操作步骤。
3. 简述如何维护维修沸腾制粒机。
4. 简述沸腾制粒机的常见故障及排除方法。

二、实际操作题

按要求操作并维护维修沸腾制粒机。

◇进度考核评定标准

进度考核评定标准见表1-6。

表1-6　进度考核评定标准

编号	考核内容	分值	得分
1	能说出并准确指出沸腾制粒机的结构组成	30	
2	能正确操作沸腾制粒机	30	
4	能正确说出和排除常见故障	20	
5	能维护维修沸腾制粒机	20	
合　计		100	

任务三　全自动高速旋转式压片机

学习目标

1. 能正确操作全自动高速旋转式压片机。
2. 能正确维护维修全自动高速旋转式压片机。

所需设备和工具

任务所需设备和工具见表 1－7。

表 1－7　所需设备和工具

名称	规格	单位	数量
全自动高速旋转式压片机	GZPJ 型	台	1
维护维修工具箱		个	1
工作服		套	1

一、设备组成及其操作手轮

1. 设备组成

以 GZPJ 型全自动高速旋转压片机为例，机器由压片机主机、PLC 控制系统、真空上料器、筛片机和吸尘机组成，如图 1－22 所示。机器的顶部为真空上料器，通过负压状态将颗粒物料吸入，再加到压片机的加料器内。筛片机将压出的片剂静电及表面粉尘除去，使片剂表面清洁，以利于包装。吸尘机的功能是将机器内和筛片机内的粉尘吸去，保持机器的清洁，防止室内粉尘飞扬。

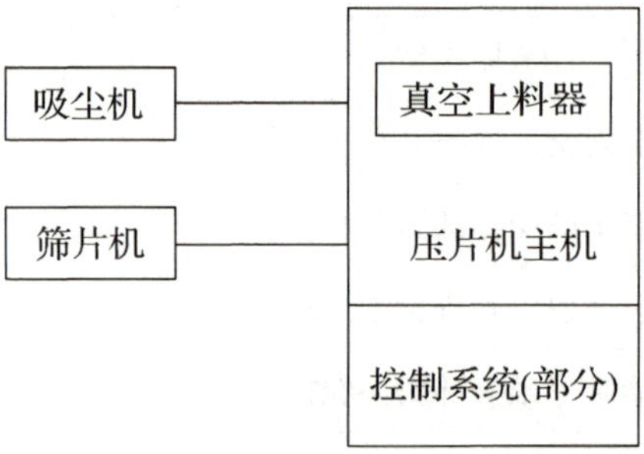

图 1－22　全自动高速旋转压片机设备组成

2. 操作手轮

设备操作手轮及控制面板如图 1－23 所示。

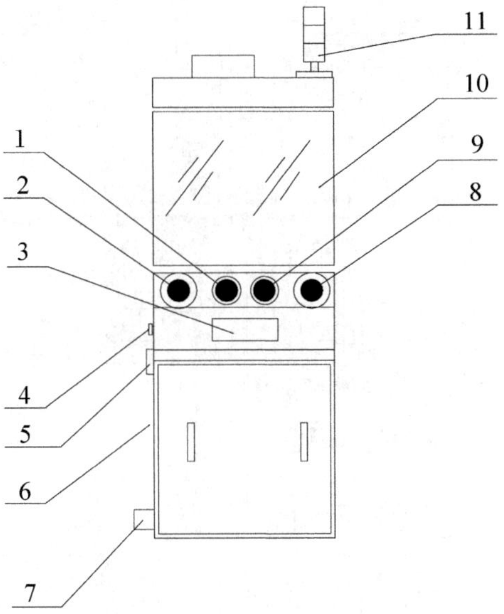

1. 预压手轮(预压调节手轮)；2. 厚度控制手轮(药片厚度调节手轮)；3. 监控系统操作面板(触摸屏)；4. 急停开关；5. 总电源开关；6. 转盘驱动手轮(需打开左侧下防护门)；7. 吸尘机及筛片机插座；8. 平移手轮(在冲模中药片成型位置调整手轮)；9. 填充手轮(药粉填充量调节轮)；10. 上预压轮调节螺母(需打开右侧上防护门)；11. 设备状态指示灯。

图 1－23　设备操作手轮及控制面板

二、压片机主体结构及工作原理

(一) 主体结构

机器主体由底板、前后支架、蜗轮箱、机座、冲盘、支撑块、顶板、玻璃门、前框架、控制柜等部分组成。底板、前后支架和蜗轮箱体通过螺栓连接组成了一个坚固的框架，作为压片机的基础。座体固定在蜗轮箱体上，同时座体也起到了对蜗轮箱体的端盖作用。以座体为基础，出片凸轮、边导轨、过渡块、下导轨凸轮、填充调节机构、垫板、预压油缸和下主压轮等部件安装在座体上。如图 1－24 所示。

上座体通过左右支柱螺杆和穿过主轴的螺杆与座体及蜗轮箱连接，形成稳固的三立柱式框架结构，具有极高的抗弯曲和抗扭转能力，满足压片机承载要求。上座体上装有导轨盘、下压凸轮、上预压轮和上主压轮。顶板在上座体的上部，顶板与上座体之间装有减震装置。顶板的四边装有四扇玻璃门。每扇玻璃门的下面均装有气弹簧，气弹簧为玻璃门的开启和关闭提供支撑和锁紧力。

以盖板组件为界可将压片机分为上、下两部分。压片机的上半部分是完全密封的压片室，是完成整个压片工序的部分，它包括给料系统、冲压组合、出料装置、吸尘系统，由顶板、盖板及玻璃门通过密封条将压片室完全密封，以防止外界对压片过程的污染。压片机的下半部分装有主传动系统、液压系统、润滑系统、手轮调节机构，由后门、左右门及控制柜通过密封条将下半部分完全密封，以防止粉尘进入对机器造成污染。

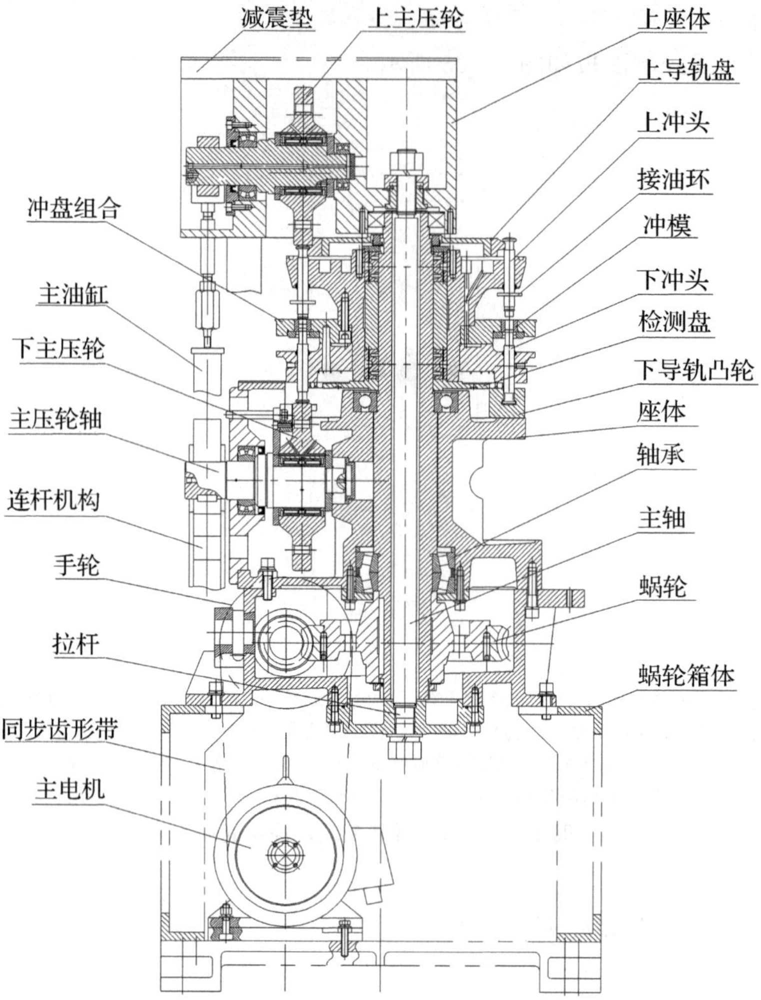

图 1 - 24　全自动高速旋转式压片机设备结构图

（二）压片机的工作原理

1. 冲压组合

冲压组合包括冲盘组合、上下冲、中模、上下预压轮、上下主压轮、填充装置、上导轨盘、下导轨凸轮。冲盘组合分上、中、下三部分，如图 1 - 25 所示。冲盘组合的节圆上均匀分布着上冲、下冲和中模，如图 1 - 26 所示。上下冲头及中模分别安装在冲盘节圆的冲孔中，上冲头由一个连续凸轮导轨引导，下冲头由下导轨凸轮导轨、调节充填深度的导轨、出片导轨引导。上下冲的尾部嵌在固定的曲线导轨上，当转盘做旋转运动时，上下冲杆即沿着曲线轨道做升降运动，通过压轮的挤压作用达到压片的目的。

2. 压片机的工作流程

压片机的工作流程包括填充、定量、预压、主压成型、出片等工序。上下冲头由冲盘带动分别沿上下导轨逆时针运动。同时，上冲头在上凸轮盘及导轨的引导下做上下往复运动，只有在预压和主压时上冲头端面才进入中模孔内。下冲头的圆弧面经过过渡块、下拉凸轮、填充凸轮、填充引导凸轮、填充保护凸轮、预压轮、主压轮、出片凸轮等，下冲头端面始终在中模内。

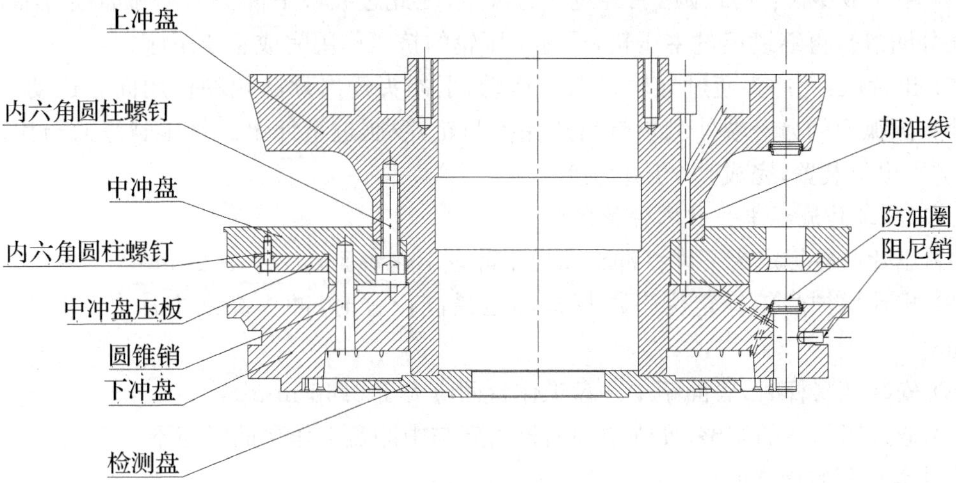

图 1-25　冲盘组合

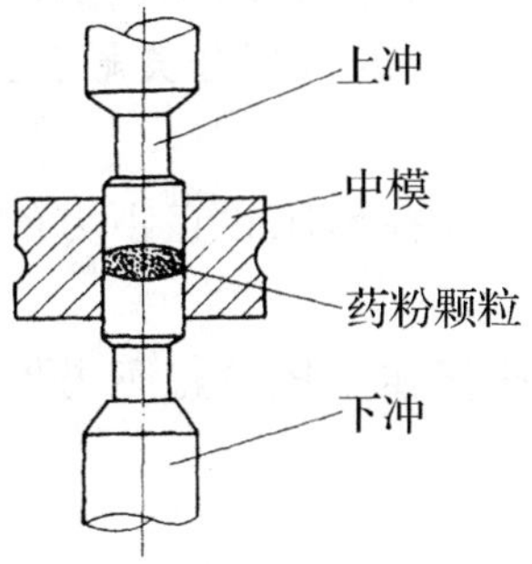

图 1-26　冲模

(1) 填充段:当冲头运动到填充段时,上冲头在上凸轮盘的引导下,向上运动绕过强迫加料器(其上部盖板起到限位保护作用,当此盖板移开时主机报警将不可启动)。同时,下冲头经过渡块导轨进入下导轨凸轮向下移动(下导轨凸轮一般配有三套,可分别压制薄片、中片、厚片),此时,下冲头表面与中模孔形成一个空腔,药粉颗粒经过强迫加料器叶轮搅拌填入空腔内,当下冲头经过下导轨凸轮的最低点时形成过量填充。冲盘继续运动,下冲头经过填充凸轮时逐渐向上运动(在下冲头圆弧面的另一端装有填充引导凸轮,限制过量充填),并将空腔内多余的药粉颗粒推出中模孔,进入定量段。

(2) 定量段:在定量段,填充凸轮上表面为水平,下冲头保持水平运动状态,由定量刮板将中模上表面多余的药粉颗粒刮出,保证了每一个中模孔内的药粉颗粒填充量一致。为防止中模孔内的药粉被甩出,定量刮板后安装了压板,其压板可将多余的药粉送入循环通道,再进入强迫加料器继续使用。下冲保护凸轮将下冲头拉下(当设备运行一段时间后,个别下冲头的压药端面或冲杆出现异常,如下冲头在中模内上下运动的摩擦力加大,将拉动下冲保护凸轮报警停机)。

(3) 预压段:上冲头在下压凸轮作用下向下运动(下压凸轮可以轴端做微量上下移动)。如上冲头在中模内上下运动的摩擦力加大,将抬起下压凸轮报警停机,当中模孔移出盖板时,上冲头进入中模孔。当冲头经过预压轮时,完成预压动作。

(4) 主压成型段：完成预压后经过一过渡段(在此过渡段下冲头的圆弧面经过油毛毡可得到充分润滑)，再继续经过主压轮，通过主压轮的挤压作用完成主压工序。

(5) 出片段：上冲头通过导轨盘向上运动，下冲头经出片凸轮的作用向上运动。同时，在下冲头圆弧面的另一端外侧装有出片保护凸轮，限制过量伸出。将压制好的药片推出中模孔，进入出料装置，完成整个压片流程。

3. 压片工作流程中关键零件标定数值

(1) 出片凸轮标定为下冲杆冲头高出中冲盘工作台面 0.15～0.2 mm。

(2) 出片保护凸轮标定为下冲杆提高至最高位置时，冲头高出中冲盘工作台面小于 0.4 mm。

(3) 安装挡料杆时，底面距中冲盘工作台面应大于 0.45 mm。

(4) 通过对平台的调整，使强迫加料器衬底与中冲盘工作台面间隙不大于 0.05 mm，平台与中冲盘相邻侧面之间的间隙为 0.3～0.5 mm。

(5) 上冲过紧装置标定：将行程开关触头调整至距离下压凸轮上表面 1 mm。

(6) 下冲过紧装置标定：将填充保护凸轮处的行程开关触头压入 2 mm。

(7) 压力过载标定：将主压油缸处的行程开关触头压入 2 mm(液压系统压力压强为 4 MPa)。

(8) 上预压轮位置标定为上冲杆在预压轮正下方时，上冲杆冲头进入中模内孔深度 2 mm。

(9) 上主压轮位置标定为上冲杆在主压轮正下方时，上冲杆冲头进入中模内孔深度 4 mm。

4. 主传动系统

主传动系统如图 1-27 所示。要求主传动系统速度可调，同时具有足够的扭矩，在较大的冲击载荷下速度能稳定可靠。

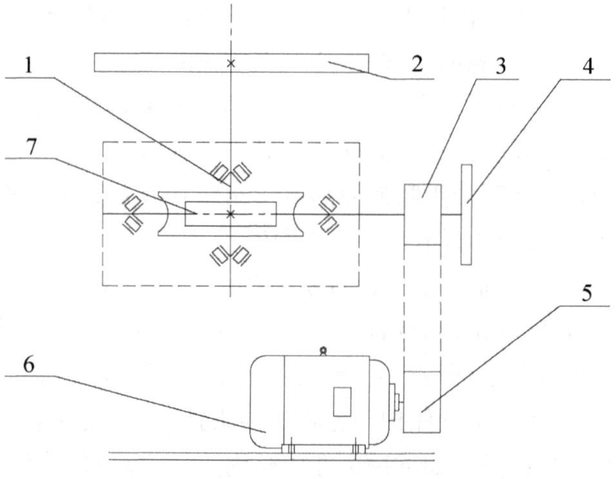

1. 主轴；2. 冲盘组合；3. 大皮带轮；4. 手轮；5. 小皮带轮；6. 交流电机；7. 蜗轮减速器。

图 1-27 主传动系统

主传动系统包括交流电机、大皮带轮、同步齿形带(两个带轮之间虚线部分)、小皮带轮、手轮、蜗轮减速器、冲盘组合、主轴。

该系统采用了变频技术，其优点是节能减耗，控制可靠，运行稳定，噪声小，变频器本身有过压、低压及过流等多项保护功能。通过输出参数可对执行元件进行实时监测，一旦出现异常，保护功能动作，变频器停止输出，同时显示故障代码，指示故障原因，进一步保证了电机安全可靠的工作。

主电机的输出轴直接与小皮带轮相连，小皮带轮通过一条齿形带将动力传到大皮带轮上。大皮带轮与蜗轮减速器的蜗杆相连。大皮带轮带动蜗杆旋转，蜗杆带动蜗轮旋转。蜗轮直接安装在主轴上，主轴通过胀圈与冲盘相连，带动冲盘转动。蜗杆的端部装有一个手轮，在非启动状态下，转动手轮可使冲盘转动。该手轮一般在更换冲模或维修机器时使用。

5. 强迫加料装置

(1) 强迫加料装置的组成：给料装置主要由加料电机、加料蜗轮减速器、万向节、联轴器、强迫加料器、料桶、联接管、加料平台、调平支腿机构组成。强迫加料装置如图 1－28 所示。加料电机和蜗轮减速器安装在机器上部。蜗轮减速器的输出轴通过万向节驱动联轴器。联轴器与强迫加料器的齿轮箱的传动输入轴连接并带动齿轮转动。齿轮箱的下部有两个输出轴，分别装有两个叶轮，齿轮带动两个叶轮转动。强迫加料器壳体底部有一个落料槽，该落料槽下部装有一个密封垫并与中冲盘表面吻合，用于将强迫加料器中的物料填入冲模。强迫加料器落料槽前端装有两个收料刮板，用于将中冲盘表面上的物料回收到强迫加料器中。强迫加料器两侧的下部分别装有螺栓、碟形弹垫和碟形螺母，用于与加料平台快速联接。

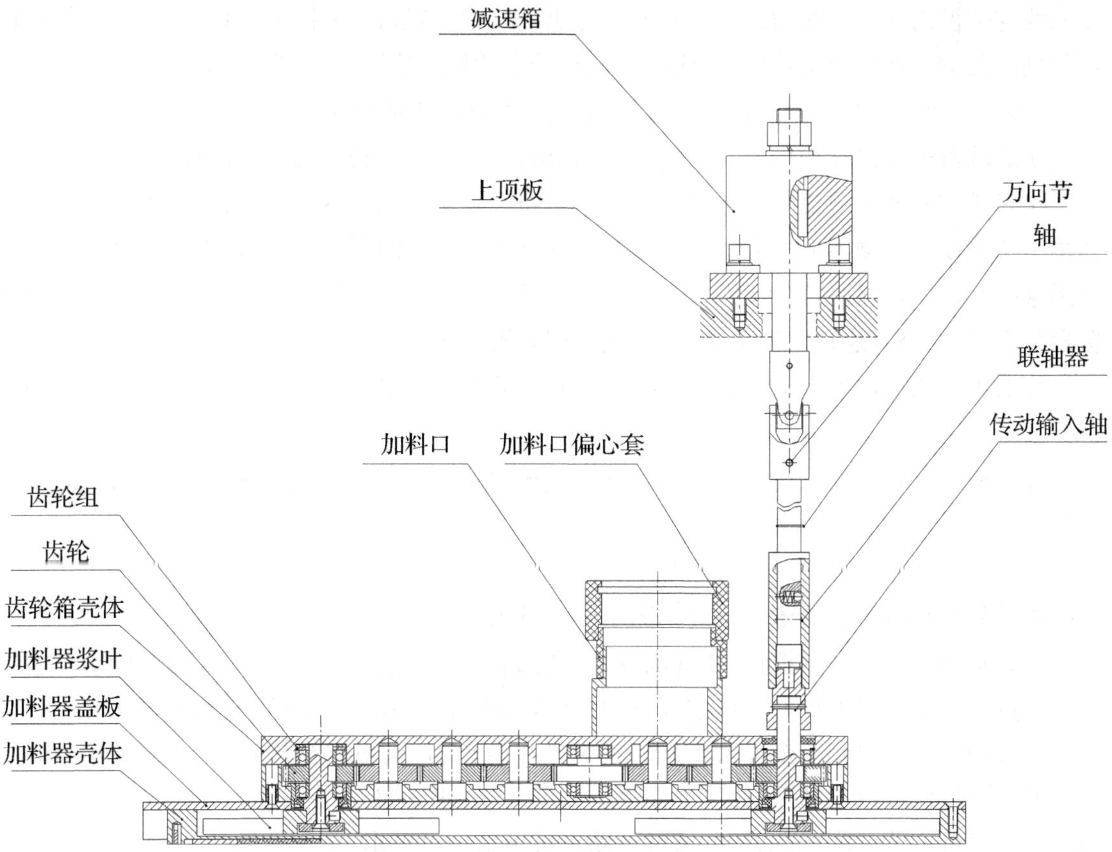

图 1－28　强迫加料装置

（2）强迫加料器的拆装：

① 强迫加料器的拆卸步骤。

a. 将料桶下部的碟形阀关闭。

b. 将洁净的容器放在卸料口下部，打开卸料阀门。

c. 按下强迫加料按钮，将加料器内部的物料排空。

d. 将联轴器的外套向上提起，然后沿键槽方向推出，使其与加料器脱开。

e. 将料桶下部的连接管向上提起，使之与加料器分离。

f. 松开加料器两侧的碟形锁紧螺母，将压紧手柄向两侧分开。

g. 将加料器水平拉出。

② 强迫加料器的安装步骤与上述步骤相反。

（3）强迫加料器的维护：要定期检查加料器底部密封垫和收料刮板的磨损情况，如有轻微划伤，可用水砂纸抛光；如磨损严重，则必须更换。

（4）加料平台的校准：在机器运行期间加料器与冲模盘的间隙应校准到 0.05 mm。如长期工作造成间隙过大，须重新调整，进行校准。

6. 出料装置

出料装置包括出片装置和出片槽体。

（1）出片装置：出片装置由固定架和出片杆组成。为达到最佳出片效果，出片杆的开始段曲线与中模内孔边应相吻合。正确安装好出片杆的位置，在药片沿出片杆出片时，能避免不规则的跳动。在安装出片杆时，应慢慢地移动出片杆的位置，找出准确的位置。

（2）出片槽体：出片槽体由一个铝托架通过两个弹性锁紧帽固定在机身上。一块长方形有机玻璃覆盖在出片槽体上，以防止药片弹出，同时也防止粉尘和灰尘的侵入。

出片槽体有两条通道：一条合格片通道，一条不合格片或废片通道。两条通道的工作状态由一个装在出片槽体上的力矩电机控制。它带动一扇门的开关，机器刚开始工作时，废片通道被打开，一旦达到所要求的冲盘速度，废片通道马上关闭，合格片通道打开。在停机或紧急停车时，合格片通道立即关闭，废片通道同时被打开。

要对出片槽体进行拆除时，应先将力矩电机的插头从插座中拔出，然后再将出片槽体拆下。

如果要对出片槽体进行清洁，只需松开上部的滚花螺母即可将有机玻璃罩打开，开始清洗。

7. 单片剔废机构

单片剔废机构在机器中的位置如图 1 - 29 所示。

单片剔废机构由出料挡杆、吹气嘴、剔废气阀和气路系统等组成。单片剔废机构的气路系统中的压缩空气由外接的压缩空气气源提供，剔废气阀由高速压片机控制系统控制。

当控制系统检测到某个冲头上压制的药片不合格时，其根据操作者预先设置的延时时间、脉冲宽度及压片机的旋转速度等参数计算后，向单片剔废系统发出一个剔废脉冲信号，剔废气阀打开一段时间，压缩空气通过气路系统由吹气嘴喷出，将不合格药片吹入出片槽体的废片通道，剔废气阀关闭，完成一个剔废动作。

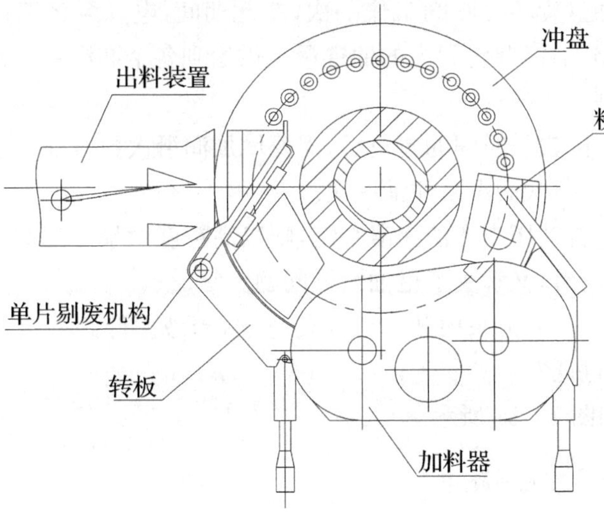

图 1－29 单片剔废机构所在位置

8. 润滑系统

润滑系统如图 1－30 所示。该设备配备了一个间隙式微小流量定量自动压力稀油润滑系统和手动干油润滑系统。

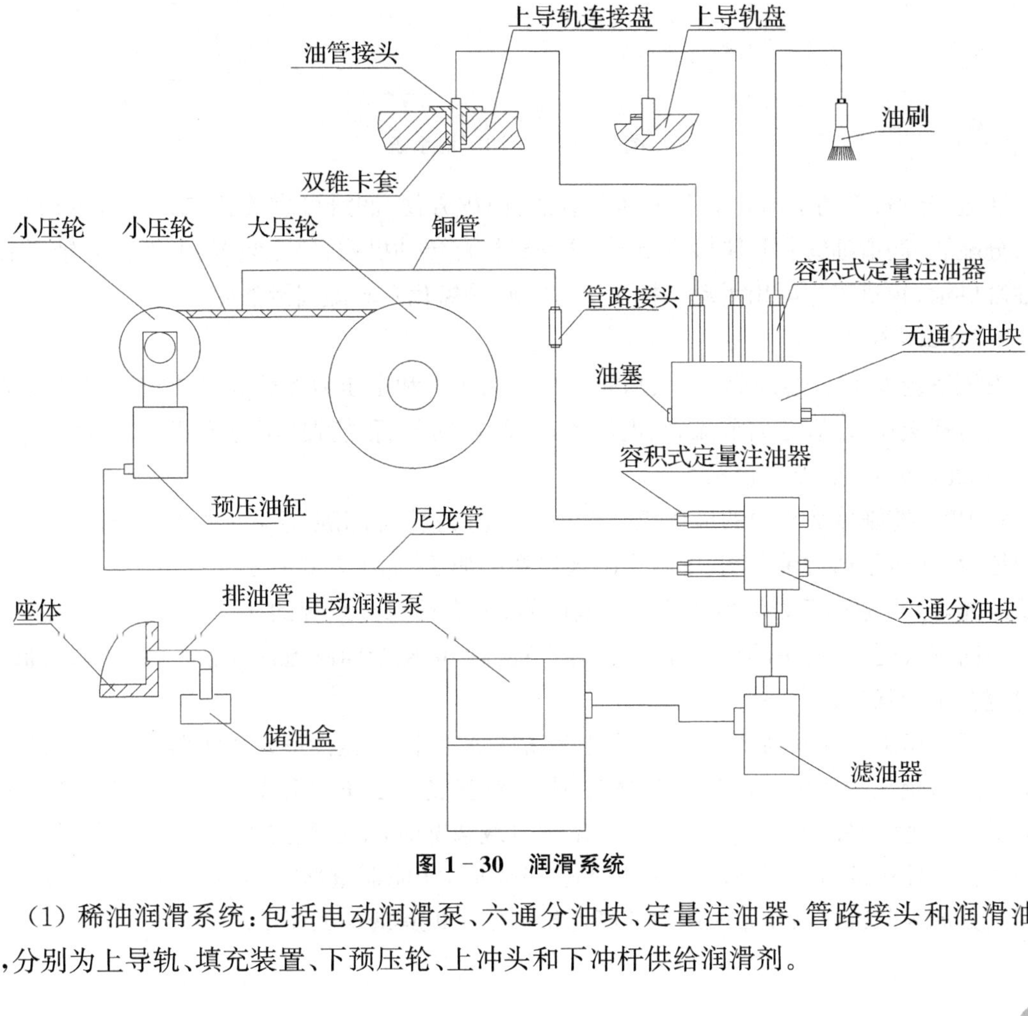

图 1－30 润滑系统

(1) 稀油润滑系统：包括电动润滑泵、六通分油块、定量注油器、管路接头和润滑油管等，分别为上导轨、填充装置、下预压轮、上冲头和下冲杆供给润滑剂。

电动润滑泵设定为冲盘旋转 200 圈工作一次，在此期间，电动泵将油送到泵内计量阀，阀内压力压强约为 2.5 MPa，由此将阀内的油定量地供给到各个润滑点。每当润滑进行时，润滑泵上的指示灯会点亮。

机器刚启动时或在一段较长时间的停机后，需要增加润滑次数，此时可按动润滑泵上的按钮驱动润滑系统，每按动一次润滑泵注油一次。

间隙式微小流量定量自动压力稀油润滑系统，配以高精度微量分配阀及中心润滑泵，既保证了冲杆、导轨的充分润滑，又解决了甩油污染问题。

稀油润滑不足指示装置：润滑泵内装有液面传感器，当液面低到一定程度时，传感器会发出信号显示“润滑油位过低”。

(2) 干油润滑系统如图 1-31 所示。

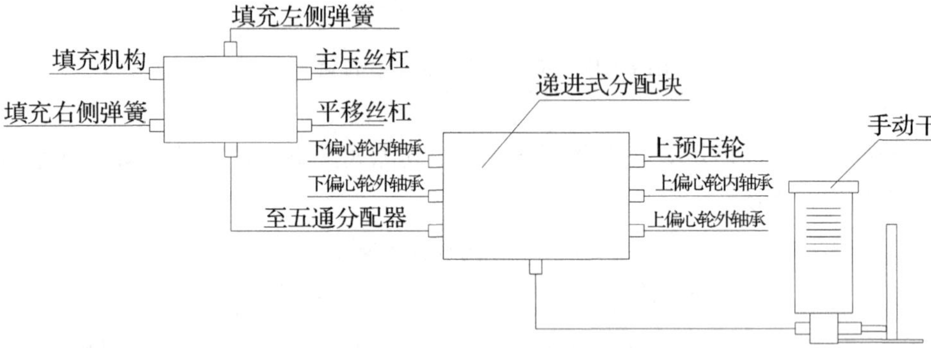

图 1-31 干油润滑系统

递进密封式手动干油润滑系统具有清洁、操作方便，润滑可靠等特点。它由手动泵、递进式分配块、润滑油管和管路接头组成，分别对杠杆传动机构、填充装置、上下偏心轴承和预压油缸供油，每班工作前用手动泵推 1～2 次 00 号氮化硼高温润滑油即可。

9. *液压系统*

液压系统如图 1-32 所示。其功能是进行预压力和主压力的软连接支撑和安全保护作用。它包括液压泵站、单向节流阀、电磁换向阀、单向阀、蓄能器、压力传感器、预压力油缸、主压力油缸和液压管路及接头。

在 PLC 控制器面板中的液压控制页中，首先设置压制相应药品时所需的压力。触摸增压按钮后，液压泵通过单向阀、电磁换向阀对系统加压(加压方式有手动和自动两种)。在自动状态时，PLC 通过压力传感器的模拟量信号，可自动保持系统的压力。触摸减压按钮后，电磁换向阀接通，系统中的液压油通过单向节流阀、电磁换向阀流回油箱，系统压力降低(泄压时应在手动状态)。

当系统压力压强升高到 1 MPa 时，1 号蓄能器工作，液压油推动蓄能器中的隔膜进入蓄能器。当系统压力压强升高到 2.5 MPa 时，2 号蓄能器工作。系统控制着规定制造特定药片时最大压力水平的安全过载机构。当出现过载情况时，主过载缸中的油传送到蓄能器中，从而将蓄能器中的氮气压缩；当过载情况已解除时，蓄能器重新将油注入油缸中，从而使系统回到其原来状态。液压系统压力的高低根据使用模具的类型而定。

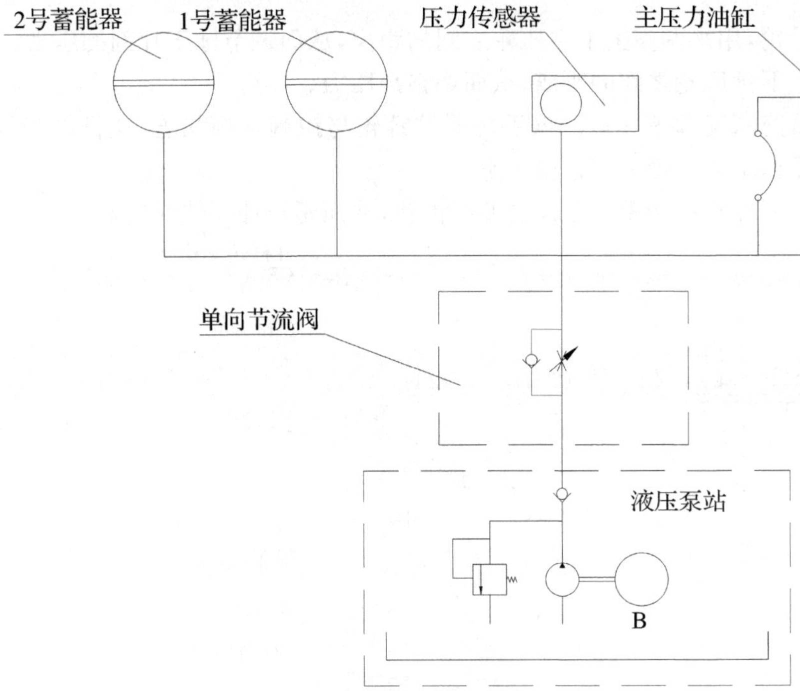

图 1-32　液压系统

10. 吸粉装置

为了除去聚集在压片室的粉尘，压片机配有一种环形吸尘装置来清除冲盘和上下冲杆的粉尘。如图 1-33 所示，该装置由吸尘壳体、左围板、右围板、多组围圈等组成，各个部件之间通过搭扣连接，拆装非常方便。吸尘壳体上部有一个风量调节阀用于调节吸粉风量。

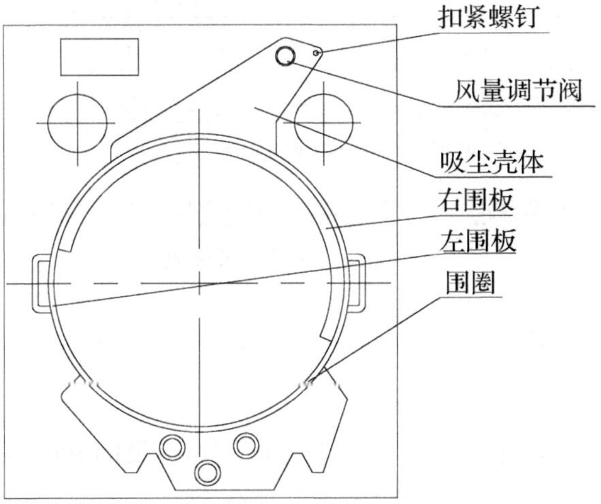

图 1-33　吸粉装置

机器备有能与吸尘装置相连的除尘管路接口，它通过后门和后面盖板之间的波纹管与机器的吸尘围板相连。吸尘装置可以单独选购，参数为风压 880 Pa，风量 700 m^3/h。

11. 手轮调节装置

手轮调节装置如图 1-34 所示。压片机操作台上从左到右依次装有片厚手轮、预压手轮、填充手轮、平移手轮。

片厚手轮又称压力手轮，用来调整上下主压轮之间的距离，从而调节施于片剂的压力。

预压手轮用来调整上下预压轮之间的距离，从而调整预压力。

填充手轮用来调整填充深度即填充量。该手轮通过链轮与控制电柜相连，这样电脑控制器就可通过控制电机操纵填充手轮来调整填充量。

平移手轮用来调整上下冲头在冲模中压片成型的位置，从而延长冲模的使用寿命。

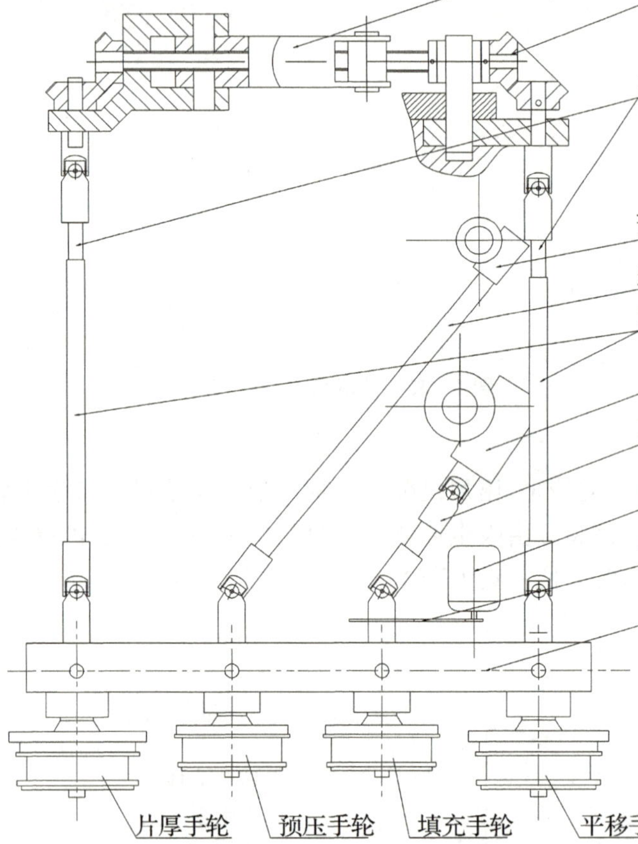

图 1-34　手轮调节装置

三、设备调整及控制

1. 填充调整

用填充手轮能调整装填药量的深度，测量用圆筒形标尺的刻度可以精确到 0.01 mm，可根据填充浓度的平均值选择下导轨凸轮（0～8 mm、4～12 mm、8～16 mm，GZPJ26 型还可选择 12～20 mm），平均值应最接近要求的填充值，所需要的填充值可根据药片的重量、直径查找。填充手轮顺时针转动时充填量减少。

2. 主压力与药片厚度调整

机器的主压力及预压力的支撑和压力过载保护来自液压装置，可利用操作面板上的按钮开关加压、减压，其主压力允许值取决于冲头、冲模的尺寸和形状。

压片过程中的实际压力用片厚手轮调定，顺时针方向转动手轮可得到高压(因此获得薄药片)。冲头顶部之间的距离以 mm 为单位指示在圆柱形刻度盘上，精度为 0.01 mm。

3. 预压力调整

预压力系统的作用是排除冲模中填充的空气，以此来缩短主挤压过程，这样能使机器的工作效率明显提高，此效果能用相当低的预压力来实现。预压力不宜过大，压力过大会产生很大的噪声和磨损。预压力是通过控制台的预压手轮来调整的，顺时针方向转动为加压。

4. 上冲头到冲模的进入量调节

上冲头到冲模的进入量可以用平移手轮调节，而药片的厚度保持不变，这样可以避免总是在同一个位置压片导致冲模损坏，从而延长冲模的使用寿命。

5. 冲盘转速控制

在操作面板上，按升速、降速键可对冲盘转速进行无级调速，这个速度在操作面板上以主轴转速(r/min)和产量(t/h)表示。

四、机器的操作与维修维护

(一) 开机前工作

1. 启动

(1) 接通主电源开关，打开安全锁，系统给电。PLC 控制器的显示器进入控制主页。

(2) 触摸机器参数按钮，检查机器各分系统是否正常，并调整好各分系统工作参数。

2. 压片前调节药片重量或者药片厚度

(1) 根据冲头的直径和形状调定液压的压力。

(2) 料斗有了装填之后按下加料键，让加料器空转约 1 min，使药粉充满加料器。

(3) 找到所需药片尺寸所对应的装填量，将装料刻度盘置于适当的数量。

(4) 调节预压力。打开玻璃门，调节上预压力轮调节螺母，使上预压力轮刚刚接触上冲头，然后启动机器。在机器工作状态下，顺时针转动预压力手轮，使上预压力轮从转动到刚好不转为止。再逆时针转动预压力手轮，使上预压力轮从不转到刚刚转动为止。若压制同一厚度的药片，只需调整一次即可。

(5) 药片厚度调节。调整药片厚度手轮，使其值大于查表值，然后启动机器。机器正常运转后，逐渐减少手轮调整的数值，直到达到要求的药片厚度为止。在基本调整好后，可取样用天平称量，如果不符合要求，可适当调节填充量和药片厚度手轮，直到药片重量符合要求为止。

(6) 启动主机。启动主机有两种方式：一种是点动方式，即触摸“点动”按钮，主电机运转，同时加料器开始工作，当释放按钮时，主电机和加料器停止工作；另一种方式是触摸“运行”按钮，机器开始连续工作。

机器在不工作时，应将药片厚度手轮按顺时针旋转半圈，避免上下冲头在某些位置处于受压状态，便于再次工作时启动。

3. PLC 控制器的使用

PLC 控制器的使用要按照 PLC 控制系统要求进行。

4. 模具的拆装

（1）打开玻璃门，移动护盖之后，可以很容易地对上冲头进行拆装。

（2）打开玻璃门，拆下出料装置，打开左护板，移走下冲头挡块，可以从下面拉出下冲头。

（3）拉出下冲头后，欲拆冲模，首先将紧固销钉全部拧松，然后用专用工具向上推出。为了确保安全可靠，冲模位置公差取最小，特别注意不要倾斜冲模，以保证冲盘孔不被损伤。

（4）安装冲头冲模时，按照同样的步骤，但顺序相反，冲模从上面装入冲模孔，用力矩扳手将紧固销钉拧紧，为了避免由于加在螺钉上的力矩过高损坏冲盘，力矩限定为 10 N・m。安装下冲头时，必须使用适当工具，向左边加压，松动制动销钉。

5. 下导轨凸轮的选择

（1）不同范围导轨的选择。

在多数情况下，可使用一个填充范围为 4～12 mm 的导轨；对于特别薄的药片，可使用 0～8 mm 的导轨；对于较大的药片；选用 8～16 mm 的导轨（GPZT26 型另加一个 12～20 mm 的导轨）。

（2）导轨的拆卸与安装。

导轨按下列步骤拆卸：取走 14 个下冲头；松开两个导轨扣紧螺钉并拉出两个定位销钉；旋转垫板 90°并朝前、向外推导轨。安装新的导轨时，按以上步骤，不过顺序相反。

6. 机器的维护及润滑

（1）机器装有如下安全装置。

① 预防压力过大的安全装置：压力表上的指示值不能超过某一规定的极限值，其压力极限值应根据模具的规格选定，最大值不超过 80 kN（GZPJ26 型为 100 kN）。当实际工作压力超过极限值时，控制台上的红色指示灯“过载保护”亮，并使机器停止工作，同时蜂鸣器报警，从而保护模具不被损坏。

② 下冲头故障保护装置：在下冲头通道上，安装有保护限位开关，当下冲头运动异常时发出信号，“下冲过紧”信号灯亮，自动使机器停止运行，并且蜂鸣器报警。另外，当下冲头挡块没有安装时，也有一个保护开关，自动使机器停止运行。

③ 上冲头故障保护与下冲头故障保护相同。

④ 润滑不足指示装置：润滑泵油箱中装有液面开关，当液面低到一定程度时，发出信号，“润滑不足”信号灯亮。

⑤ 门未关好则“门窗正常”灯不亮，机器无法启动。

（2）维护及润滑。

① 蜗轮减速器的维护：蜗轮减速器是发热部件，要求安装在空气循环冷却的环境中。冷空气由一组风扇吸进，热空气通过机器内部的正压排出。吸气和排气口在机器的后门上，必须保证空气流通顺畅。

打开左边门，可以看到蜗轮减速器的油标，油面应定期检查。工作 400～500 h 应换油。润滑油牌号为 460 号（冬季）或 680 号（夏季）蜗轮箱油。

② 皮带拉力调整：皮带拉力可通过移动皮带张紧轮来调整，皮带可在自由移动段的中点左右 1～2 cm 之间移动，调整好后，小心将螺丝拧紧。

③ 液压维护系统：要定期检查油面，油压最高时，液面不能低于 5 cm，否则应加液压油，液压油牌号为 22 号汽轮机油。

④ 自动润滑系统：机器配有自动、非循环润滑系统，此系统包括润滑油泵、分配系统（管道与分配阀），称为中心润滑系统。机器的润滑由中心润滑系统来完成，润滑后的废油通过排油口流到废油箱里，废油箱要定期清理。中心润滑系统可通过 PLC 控制面板"润滑控制"页面调整润滑油的传送。由于具有自动润滑系统，故机器在运转中不需要特殊加油维护，而如果"润滑不足"指示灯亮时，则需要向润滑油泵加润滑油，润滑油牌号为 30 号机油。

⑤ 给料装置的维护。

a. 预先填充和排空：将"给料装置"按钮按下，则可以进行预先填充，拉出给料装置下边的滑板就能把给料装置内药粉排空。

b. 给料装置平台的校准：在机器运行期间加料器与冲模盘的间隙校准到 0.05 mm。长期工作造成正常的磨损和裂缝或颗粒造成的阻碍，会导致间隙不精确，可以重新调整，进行校准。校准步骤如下：移开加料器；用直尺量一下给料平台与转盘两面的平行度，直尺放在加料平台上，检查高出转盘的距离；加料器的底盘与冲模之间的间隙必须用 0.05 mm 塞尺测量，调整的方法是使塞尺在加料器底盘和转盘之间移动，并阻力较小。

c. 给料装置平台按以下步骤调整：拧松调平支脚上小螺钉，下放套环；拧松调平支脚上防松大螺钉，然后将缺口螺栓向左或向右转，调整平台高度；防松螺钉拧紧后，应从加料器底盘上铜衬底的多个位置再检查一下间隙；调整完毕使套环复位。

（3）机器的吸尘：机器备有能与吸尘装置相连的除尘管路接口，接口通过后门和后面盖板之间的波纹管与机器的吸尘围板相连。吸尘装置可以单独选购，参数为风压 880 Pa，风量 700 m^3/h。

7. 注意事项

（1）机器设备上不可拆的机件，不可随意拆卸。

（2）冲模需要经严格探伤、化验和外形检查，须无裂缝，无变形缺边，硬度适宜，尺寸准确，发现不合格的切勿使用，以免使机器遭受严重损坏。

（3）细粉多的原料和不干燥的原料不要使用。

（4）使用中如果发现机器震动、异常或发出不正常的声音，应立即停机并进行检查。

（5）应尽可能地避免机器不压药片时空转。如果机器需在不压药片时空转，则填充和药片的厚度调节器一定要预先调节到大于 4 mm。一般情况下，无填充料时，应立即停机。

（6）机器试运转，最初 30 h 内，机器工作应在最大容量的 70%以下。

（7）为了操作人员和机器的安全，不要乱动安全设备。

（8）在停机之前应将压片速度降到较低。

（9）机柜内的 PE 应接大地。

（10）关玻璃门时要特别小心，由于支撑玻璃门的气弹簧力量很大，关玻璃门时用力拉住门把，轻轻将门关上，否则容易损坏玻璃。

（11）40 冲最大压片直径为 10 mm。32 冲如压片直径小于 10 mm，应更换原配电机，更换后的电机型号为 Y132M－4 及相应的同步带轮。

（二）开机后工作

1. 开机

接通主电源后，PLC 及触摸屏 EVIEW 通电，操作界面自动转入监控系统初始画面

（图 1－35），按页面右下角的“菜单”按键，弹出操作快速选择窗口，通过选择，能够直接进入“生产状态”“操作说明”“参数配方”“报警查询”“特权输入”“设备测试”等操作画面，也可直接点击界面下端各按键进入相应画面。

图 1－35　监控系统初始画面

触摸“操作说明”按键，可以查阅本监控系统的基本操作及使用方法（图 1－36），对于初次使用本设备的用户，除了要仔细阅读设备使用说明书外，在“操作说明”中也可以获得相关的帮助信息。

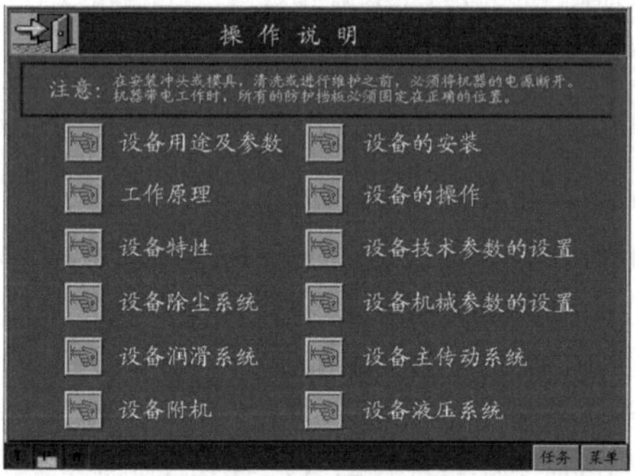

图 1－36　操作说明画面

触摸“设备测试”按键，系统进入设备测试画面（图 1－37）。

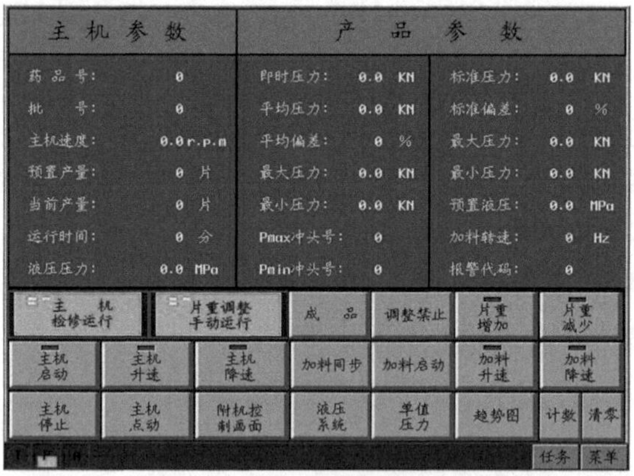

图 1－37　设备测试画面

触摸“生产状态”按键，系统进入生产状态画面（图 1 - 38），可以进行药品的生产等操作。

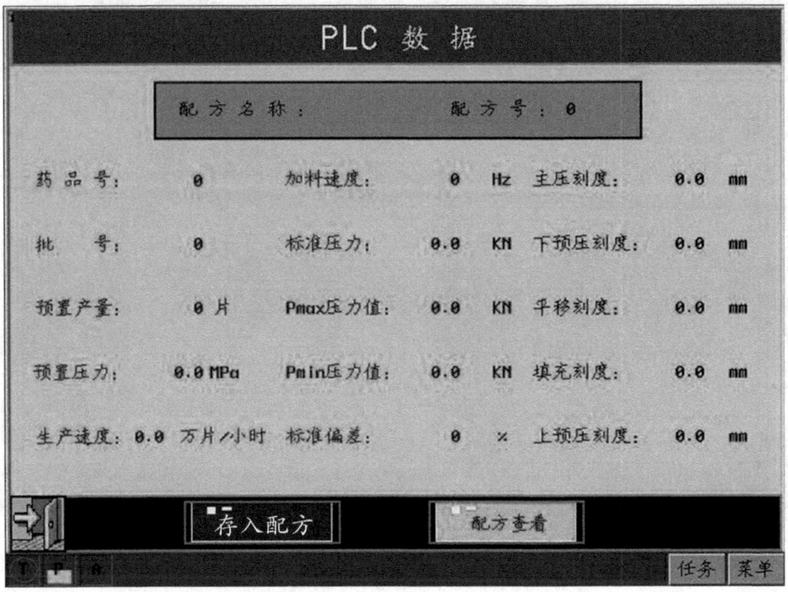

图 1 - 38　生产状态画面

触摸“参数配方”按键，能够查阅机器的各项性能指标。

2. 设备测试

设备测试画面能监测、测试目前设备的状态情况。进入设备测试画面，在画面的左侧有一行设备测试弹出按键。点击相应按键，可弹出相应测试画面，最多可显示 4 幅画面，点击其上部的控制条，可移动小窗口的位置（图 1 - 39）。

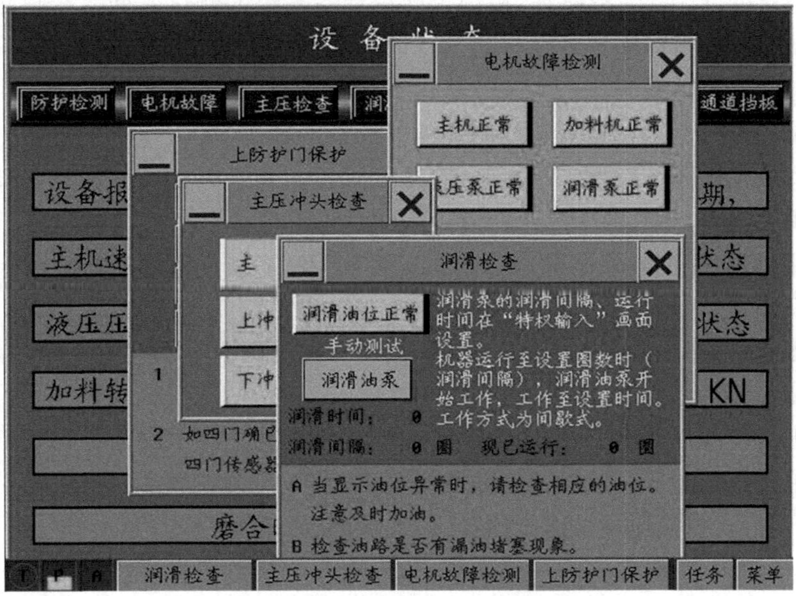

(a)

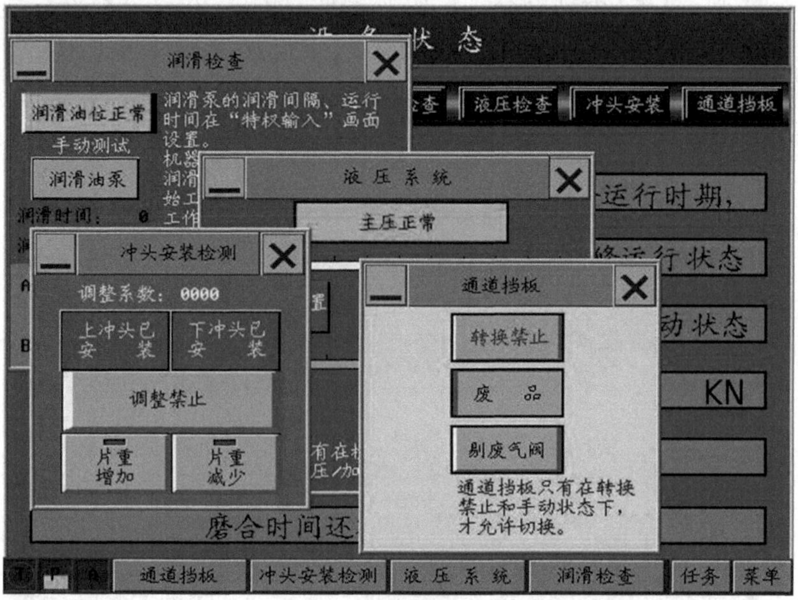

(b)

图 1－39　相应测试画面

在设备测试画面，分别设置有“防护检测”“电机故障”“润滑检查”“液压检查”“通道挡板”“冲头安装”“主压检查”等按键。

（1）防护检测：点击“防护检测”按键可弹出防护门的测试画面。如状态不正常，指示灯闪烁，并提醒如何处理。当为“检修状态”时，可以在调试时取消门窗的自动检测功能，方便进行调机及维护。

（2）电机故障：点击“电机故障”按键可弹出电机的测试画面。如状态不正常，指示灯闪烁。当主机及加料电机出现故障闪烁报警时，按动变频器红色停止键即可复位。

（3）润滑检查：点击“润滑检查”按键可弹出润滑系统的测试画面。在画面的下部可显示设置的圈数及已运行的圈数。在自动运行状态下，当主机运转设定的圈数后，系统按照用户设定值自动控制润滑泵工作。

“润滑间隔”为每 2 次自动润滑所间隔的时间；“润滑时间”为每次润滑泵工作时间。比如，设定值为“润滑间隔”200 圈，“润滑圈数”2 s，即冲盘每运转 200 圈，系统自动开始润滑，润滑时间为冲盘运转 2 s 的时间。

在生产中，可以根据实际情况，调节“润滑圈数”及“润滑间隔”的数值。此参数可在“特权输入”画面设置。

如状态不正常，指示条闪烁，并提醒如何处理。在小画面的右侧有一个相应测试按键，测试按键为复归型。

（4）液压检查：点击“液压检查”按键可弹出液压系统的测试画面。画面提醒只有在检修状态下才能加压与泄压。“加压”按键和“泄压”按键均为复归型。“加压”前请根据要求预置压力，点动“加压”后液压站工作至预置压力时加压泵自动停止。点击“泄压”按键一次，泄压一次。

对于不同的药片品种，生产时所需要的油压上下限值是不同的，一般情况应根据片剂成型所需要的最大压力来确定。油压上限最大不应大于 10 MPa。

(5) 通道挡板：点击“通道挡板”按键后的页面分为出料批量剔废和单片剔废。

① 出料批量剔废。按“成品”和“废品”按键，出料挡板能够在成品通道和废品通道之间进行切换。

开机动作延时为可调节值，可以设定主机最初启动时出料口挡板切换至废品出口的延时时间。此参数可在“特权输入”画面设置。

② 单片剔废。按“剔废测试”按钮，剔废气阀应能够产生动作，否则说明气阀工作状态不正常。

当处于“剔废允许”状态时，设备能够实现单片剔废功能；当切换为“剔废禁止”状态时，取消设备的单片剔废功能。“剔废宽度”为可调节值，当单片剔废不准确时可调整，准确后不应再改变。此参数可在“特权输入”画面设置。

(6) 冲头安装：点击“冲头安装”按键可弹出“冲头安装”测试画面。如“冲头安装”状态不正常，指示灯闪烁。只有在“片重调整允许”的状态下，点击“片重增加”或“片重减少”按键，执行机构才会执行。“片重增加”“片重减少”按键均为复归型。此方法只适用于“测试”和“手动”。

(7) 主压检查：点击“主压检查”按键可弹出“主压检查”测试画面。主压异常，上下冲头过紧时指示灯闪烁。显示主压异常时，请检查位于液压油缸上的行程开关是否正常。当显示上下冲头过紧时，请检查处理上下冲头。

3. 生产状态

生产状态画面如图 1-40 所示。

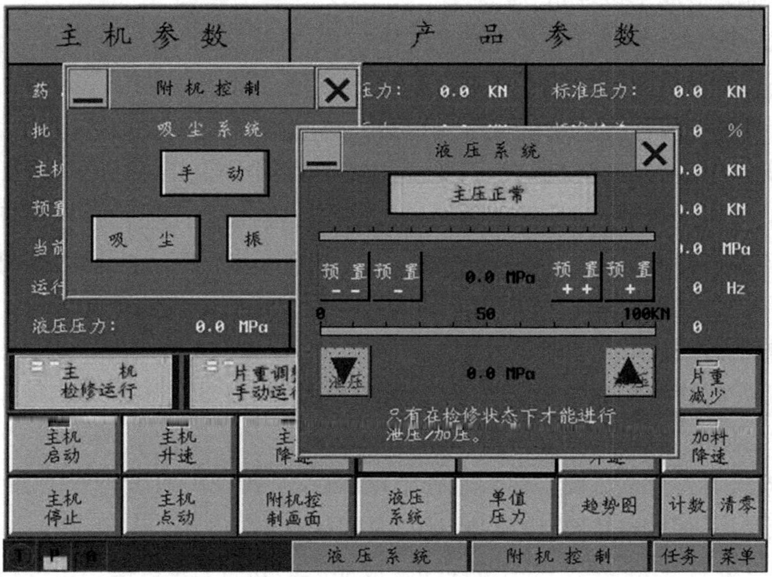

图 1-40　生产状态画面

生产状态画面显示药品的一些参数，如“药品号”“批号”“主机速度”“预置产量”“当前产量”“运行时间”“液压压力”等。中间位置显示读取 PLC 的一些数据。右侧显示已设置的参数(图 1-41)。

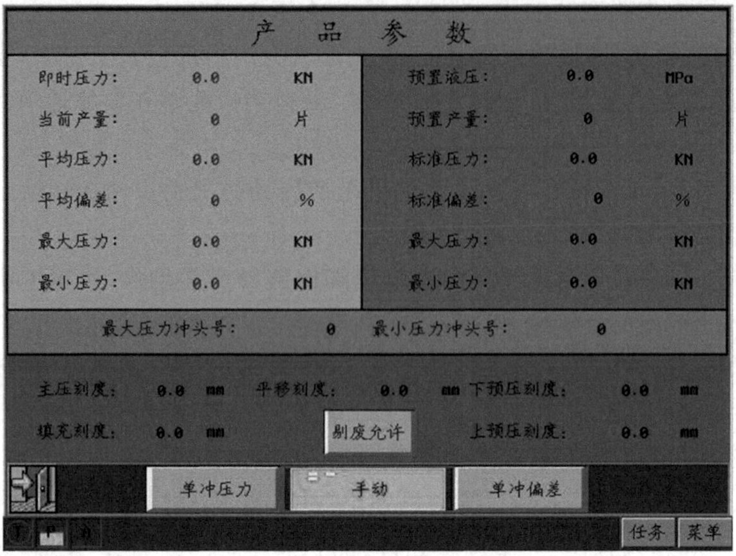

图 1-41　产品参数

控制部分操作按键包括以下几种：

（1）生产状态的“主机检修”和“主机运行”。

生产状态的运行方式有“主机检修”和“主机运行”。

“主机检修”是设备在非正常状态下的启动、停止、升速、降速、点动。“主机检修”状态下，防护门开启，主机不会停机，液压部分可升压与泄压。

“主机运行”是设备在正常状态下的启动、停止、升速、降速、点动。“主机运行”状态下，任何一项故障都会造成主机停机、报警。

主机在运行前，无论是在“主机检修”还是在“主机运行”状态，蜂鸣器都会发出运行警报，数秒后主机运行。

（2）片重调整状态的“自动调整”和“手动调整”：必须在“调整允许”时，片重调整机构才有效。“自动调整”即片重调整机构执行 PLC 发出的指令，可正向调整与反向调整，运行时间由计算得出。“手动调整”即片重调整机构由操作按键控制，可正向调整与反向调整。

（3）加料电机：加料电机可单独控制，也可随主机同步运行。当加料电机单独控制时，加料的速度可选择“加料升速”和“加料减速”；当加料电机与主机同步运行时，加料的速度随主机速度的增加而增加。

（4）“附机控制画面”：主要控制吸尘机和筛片机。在自动状态下可实现自动振打。“振打时间”及“振打间隔”参数可在“特权输入”画面设置。

（5）“趋势图”：主要是在设备运行过程中，查看左右各冲头的压力变化曲线情况。

（6）“清零”：主要对成品数、废品数、运行时间进行清零。

（7）“成品/废品”：可控制出片电磁铁的“成品”与“废品”的转换。当设备处于“正常运行”时，出片电磁铁可自动转换。

（8）“压力查询”：主要是在设备运行过程中，查看左右各冲头的压力及偏差情况，如图 1-42 所示。在试制过程中，可及时观察、更改设定压力及偏差。能及时准确地将最大压力、最小压力和对应的冲头号显示出来。在此画面可直接使设备进入自动状态。

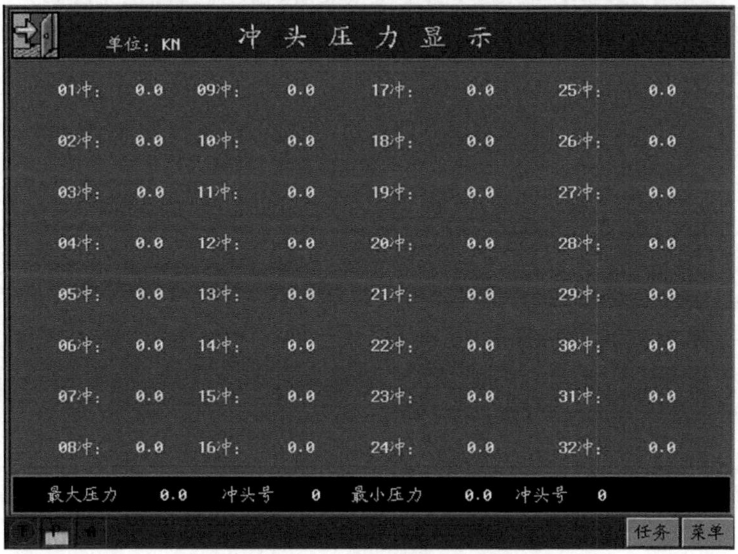

图 1-42　压力查询画面

4. 故障查询

当有故障发生时，在各画面上均可弹出故障显示画面。在报警小画面可显示报警内容及报警时间（红字），故障排除（绿字）窗口自动关闭。报警时指示黄灯亮，同时显示报警代码，也可进入报警信息查询画面查询（图 1-43）。

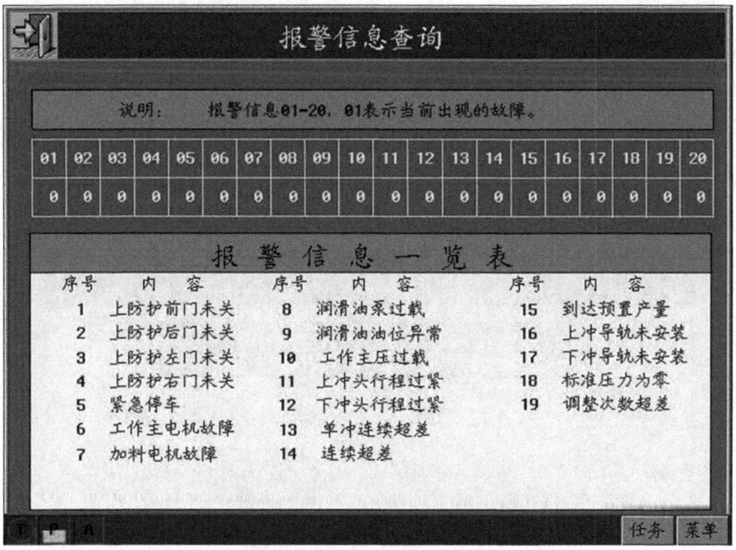

图 1-43　报警信息查询画面

5. 特权输入

特权输入主要是对设备性能的技术参数进行设置。

进入特权输入画面（图 1-44），详细了解目前设备参数的设置情况。在“特权输入”画面上，不能修改任何一项内容。如欲修改，须输入密码。在不了解设备性能的情况下，不可任意改动设备参数。

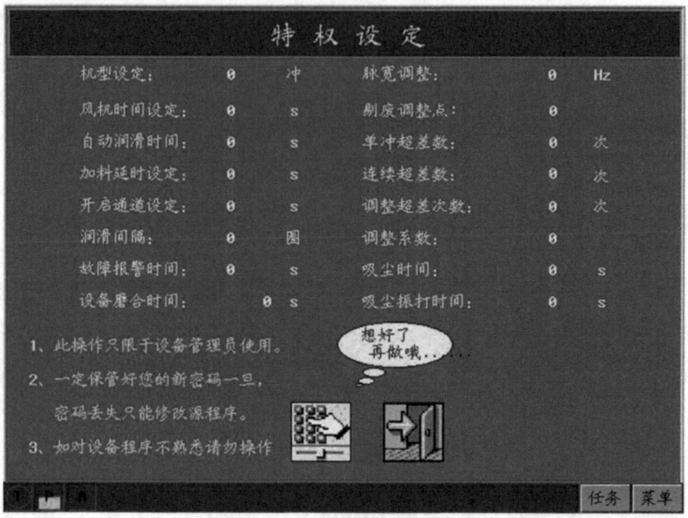

图 1-44　特权输入画面

6. *参数配方*

参数配方主要是对产品的一些技术参数进行设置。参数配方最多可设置 10 个。PLC 根据设置的参数进行运算与执行。

(1) 参数配方的设置方法。

直接输入法:根据产品要求,直接输入调用。

试制输入法:读取 PLC 的测试数据,再根据产品要求输入调用(此方法适用于新产品的试制)。

(2) 参数配方设置的操作方法。

进入参数配方画面(图 1-45),如需要参数修改,点击右下方的"配方查看"进入配方修改画面。可查看以前的配方(0~9),直接调用;也可进行修改设置。修改后的参数必须点击"调用",选择 PLC 才能按照设置执行(画面右下侧的黑色部分即手轮刻度,只记录数据,不能自动执行,需人为操作)。

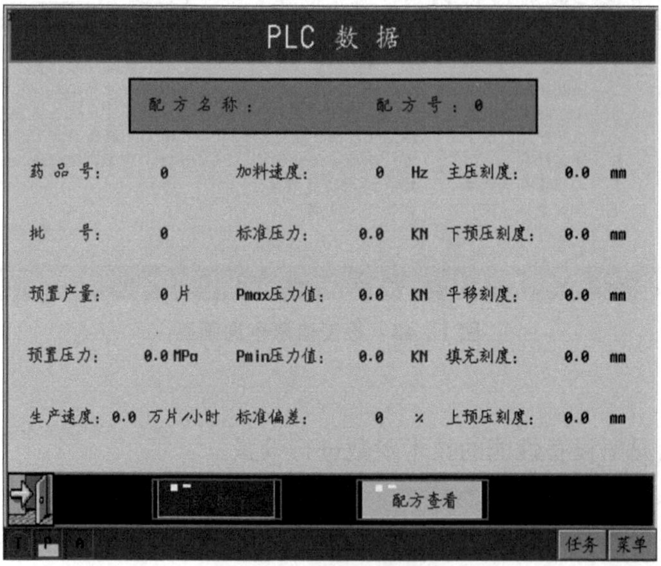

图 1-45　参数配方画面

点击“调用”后，再点击左下角的“返回”。返回到参数配方画面可以发现前面的设置已被采用。

(3) 存入参数配方的方法。

进入参数配方画面，点击左下角的“存入配方”便可弹出一个存入配方号的对话框。根据选择的配方号，点击“确认”便可存入配方。在以后的生产中，可直接调用此配方。

进度考核评定

◇ 进度考核题目

一、简答题

1. 简述 GZPJ 型全自动高速旋转压片机组成。
2. 简述 GZPJ 型全自动高速旋转压片机操作过程。
3. 简述 GZPJ 型全自动高速旋转压片机维护维修过程。

二、实际操作题

按要求操作并维护维修 GZPJ 型全自动高速旋转压片机。

◇ 进度考核评定标准

进度考核评定标准见表 1-8。

表 1-8 进度考核评定标准

编号	考核内容	分值	得分
1	认识压片机的结构和组成	30	
2	能正确操作压片机	35	
3	能正确维护维修压片机	35	
合 计		100	

任务四 高效包衣机

学习目标

1. 能正确操作高效包衣机。
2. 能正确维护维修高效包衣机。

所需设备和工具

任务所需设备和工具见表 1－9。

表 1－9 所需设备和工具

名称	规格	单位	数量
高效包衣机	BGB－C 型	台	1
维护维修工具箱		个	1

一、设备特点

1. 包衣机内的负压显示与控制

在包衣机的上箱体内增设负压检测点，并在操作柜上安装压差表，可根据工艺规定（如负压值为 10 Pa）操作触摸屏，通过控制排风机转速达到控制锅内负压的目的。

2. 供热风风速的显示与控制

在供热风的管路中增设风速检测点，并在操作柜上安装风速表，可根据工艺规定的风速值（如 8 m/s）操作触摸屏，通过控制热风机的转速达到控制供风量的要求。

3. 温度值的显示与控制

在包衣滚筒的进、出风口配置了温度传感器，其温度信号输入 PLC，在与设定值（如 90 ℃）进行比较后，自动控制热交换器，从而达到包衣温度值的控制，其控制精度达±1 ℃。

4. 喷浆量的调整与控制

输浆管系统中每把喷枪都具备微量调节功能，管路中的浆量调节阀和蠕动泵压能随输浆管的舒紧度（输料管口压力）的不同而改变回转半径，保证了料浆的恒压输出；而流量可根据喷雾量的大小随时自动平衡，保证了浆料在工艺参数确定的压力压强（如 0.08 MPa）条件下，达到浆料量的自动控制。

5. 浆液雾化覆盖面的调整与控制

该设备设计了专门用于包衣系统的喷枪，喷头可 360°调节，可以根据锅内装料量的不同通过转动喷头的角度实现总覆盖面的调节，操作方便易掌握，避免了人为操作技术因素对雾化效果的影响，便于制订岗位标准作业程序（standard operating prodedure，SOP）。

6. 喷枪与雾化的程序控制

高效包衣机的结构形式使其在压力压强达到 0.2 MPa 以上时才能开启喷枪，而在任何压力下都能开始雾化，这在结构上保证了敷料在喷射雾化过程中始终是先开雾化气回路后喷射，而在关闭喷枪时是先关敷料后关雾化气回路，避免了在雾化过程中的液滴现象。

7. 清枪防堵设计

该设备设计了定时间隔自动清枪程序与手动清枪装置，清枪过程只要 1 s 即可完成。

8. 记忆和打印功能

可以自动实时记录生产过程中的有关工艺参数，并可根据要求打印出来，避免了操作人员手工记录的误差，保证了原始记录的真实、可靠。

二、设备的结构

（一）工作原理

高效包衣机的工作原理如图 1-46 所示。将片芯放入包衣滚筒内，片芯在洁净密闭的旋转包衣滚筒内不停地沿复杂的轨迹运动。在运动过程中，按工艺流程和合理的工艺参数，自动喷洒包衣介质，同时在负压状态下供给热风，热风通过片芯从包衣滚筒底部排出，使喷洒在片芯表面的包敷介质快速、均匀地干燥，形成坚固光滑的表面薄膜。

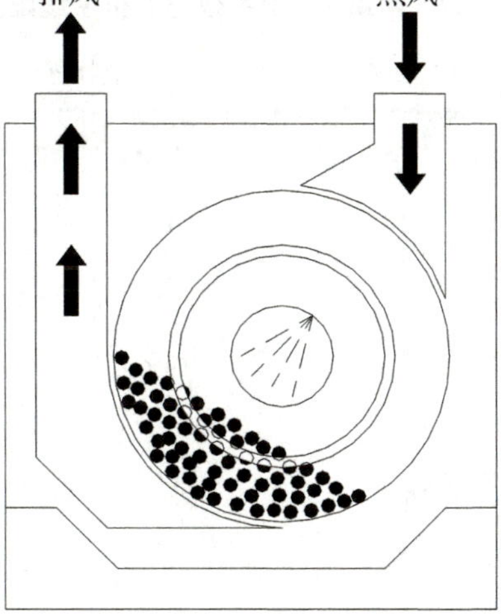

图 1-46　工作原理示意图

（二）结构

如图 1-47 所示，BGB-C 型高效包衣机系统主要由主机、热风机、排风机、喷雾系统、微处理可编程控制系统等组成。

1. 主机

主机由工作室、筛孔板制作的包衣滚筒、搅拌器、清洗盘、驱动机构等部件组成，如图 1-48 所示。

2. 热风机

热风机主要由离心风机、初效过滤器、中效过滤器、高效过滤器、热交换器等五大部件组成，如图 1-49 所示。各部件都安装在一个由不锈钢制作的卧式框架内，其外表面是经过精细抛光的不锈钢板。

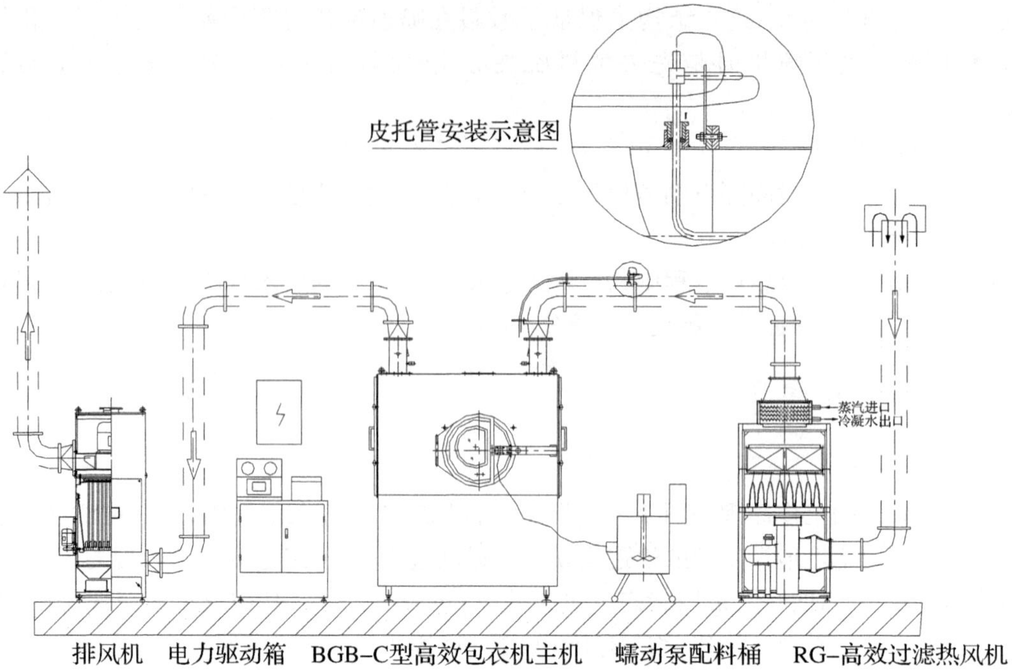

图 1-47　BGB-C 型高效包衣机系统配置图

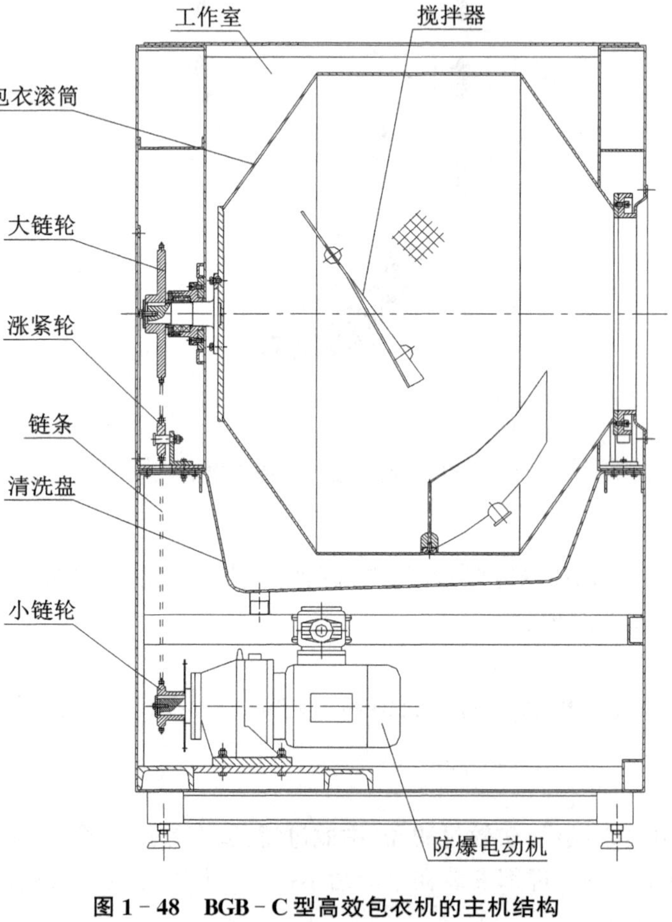

图 1-48　BGB-C 型高效包衣机的主机结构

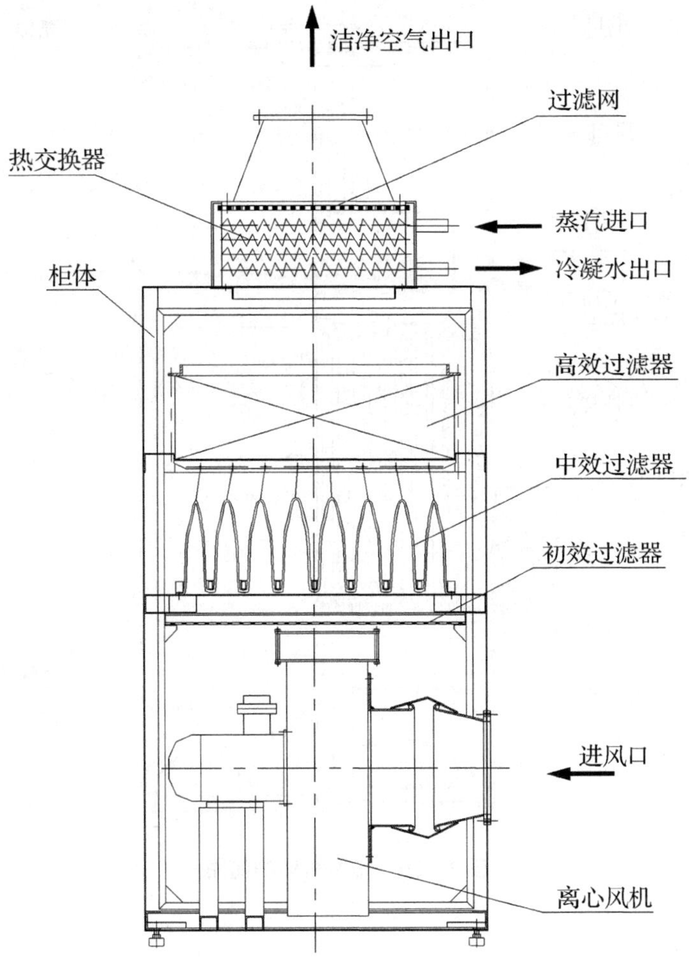

图 1－49　热风机结构简图

主机所需的热风直接采用室外自然空气，经初效、中效与高效过滤器过滤，达到洁净要求后，经蒸汽热交换器加热（常温～90 ℃）后，进入主机包衣滚筒内对片芯进行加热。

3. 排风机

排风机主要由风机、布袋除尘器、清灰电机及集灰箱四大部件组成，如图 1－50 所示。各部件都安装在一个立式框架内，并且其外表面由不锈钢板经精细抛光制作。设计合理、运行可靠、使用方便。其作用是把包衣滚筒内的包衣尾气经除尘后排到室外。使包衣滚筒内处于负压状态，既促使片芯表面的敷料迅速干燥，又可使排至室外的尾气得到除尘处理，符合环保要求。

4. 喷雾系统

（1）糖浆包衣喷雾系统：由多嘴分配器、流量调节器、硅胶管、搅拌保温罐、蠕动泵等部件和辅机组成，如图 1－51 所示。使用时按输出端料浆压力的要求，仔细调整摆臂间弹簧压力，就可调节输出端的压力，保证料液恒压输出。因此该型蠕动泵特别适用于喷雾系统，是高效包衣机理想的配套机型。

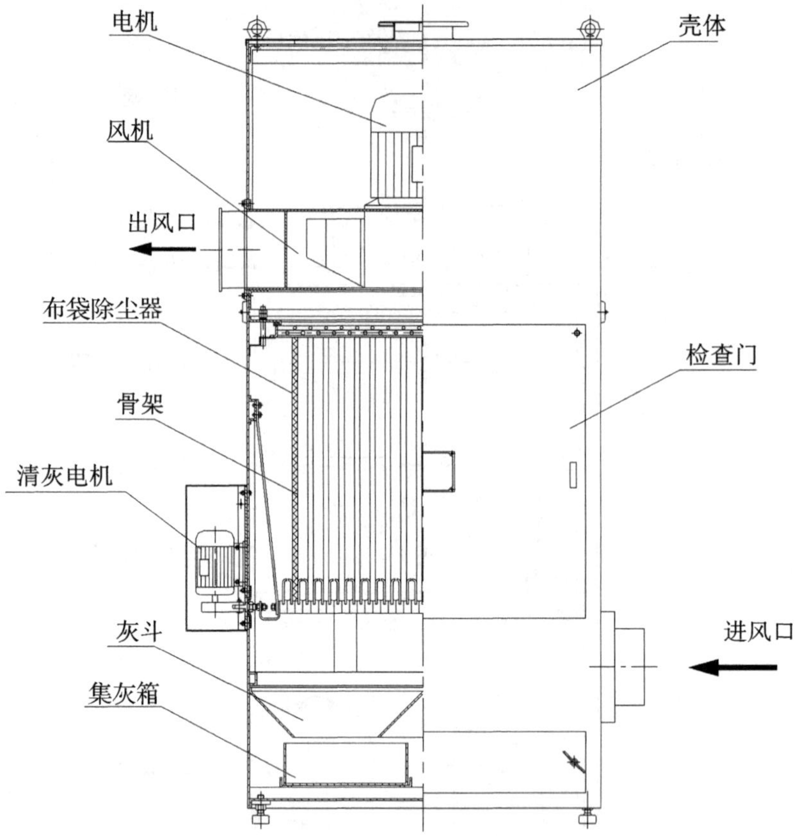

图 1－50　排风机结构简图

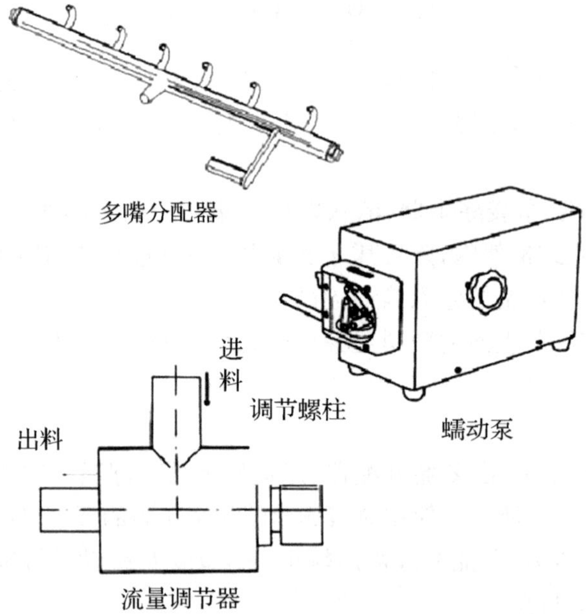

图 1－51　糖浆包衣喷雾系统部分部件

(2) 薄膜包衣喷雾系统：由搅拌保温罐、蠕动泵、硅胶管、流量调节器、喷枪等部件和辅机组成。使用喷枪时只要旋转喷枪尾部的调节螺栓即可调整喷浆量。如果在作业过程中出现堵塞只要关闭压缩空气进气管，柱塞在尾部弹簧作用下，向喷枪头部喷嘴口移动，通针进入喷嘴口即可去除堵塞物。喷枪结构如图 1－52 所示。

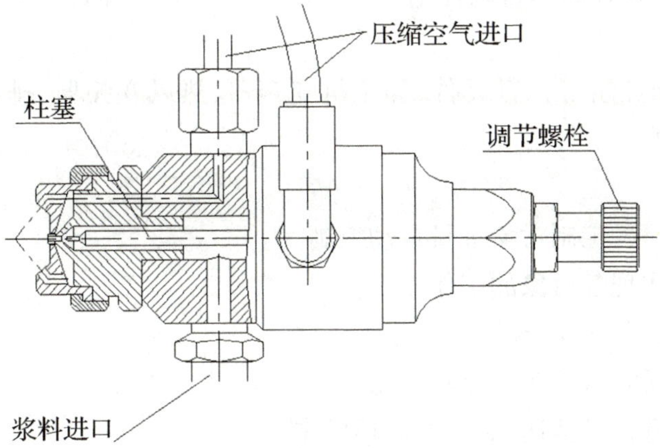

图 1－52　喷枪结构

(三) 设备的润滑

(1) 主机驱动机构：摆线针轮减速机必须采用二硫化钼润滑脂。

(2) 蠕动泵无级变速机的润滑油必须使用 Santortrac40 号、50 号牵引液。国内代用油品为 S－30、S－40、W－9、W－10 牵引液。组合型的第二级减速机使用 HJ20、HJ30 机械油。

三、设备的操作

(一) 主机的启动

主机在启动调试时，应采取点动方法，检查传动系统运转是否正常，若无不正常现象，则可正式启动传动系统进行调试。

(二) 微处理可编程控制系统

控制系统的核心器件 PLC 选用西门子微处理可编程控制器，采用无级调速变频器及温度控制系统，并配备了优质光电传感器和热传感器。

1. 功能介绍

保护功能所用的热继电器，可将过载信号接入可编程控制器并显示在触摸屏上，便于用户发现故障快速解决并有效保护电器设备。

时钟功能系统具有实时时钟，在触摸屏上显示，可根据需要统计系统运行时间。

负压控制用变频器通过改变引风电机转速来控制负压。在风道上装有指针式负压显示表，在触摸屏上手动操纵变频器输出频率从而改变排风量，维持负压在要求的范围。

风量控制用变频器通过控制送风机转速来改变进风量，风量观察采用指针式风速表，在触摸屏上手动操作变频器输出频率来改变进风量。

温度控制系统有蒸汽加热和电加热两种。蒸汽加热采用电磁阀来控制蒸汽管道的通断，利用可编程控制器充分的运算能实现通断时间的模糊控制，保证温度在±3 ℃内。

实时记录功能可实时记录生产数据，包括温度、负压、操作指令、设备状态、运行时间等。所采用的爱普生针式打印机性能可靠，出纸为80列，便于记录信息生成报表。

2. 功能实现

功能实现分为手动控制和自动控制。

（1）手动控制。

在触摸屏上手动控制可执行元件，如主机变频器、热风变频器、排风变频器、喷浆电磁阀、振打电机、蠕动泵。

（2）自动控制。

① 按工艺要求对各控制对象进行自动控制。

② 按工艺要求实现各对象的工作顺序。

③ 按工艺要求控制各对象的工作时间。

④ 按工艺要求同时启停多个控制对象。

⑤ 按工艺要求进行最多达99次的循环操作。

⑥ 按工艺要求具备9个工步的控制。

⑦ 可设置9个不同的工艺程序。

⑧ 主机转速可在任何方式下调整。

⑨ 程序可自动维持所设定的负压、转速、温度。

⑩ 热风排风温度具有偏差调整功能，精度可达±3 ℃。

⑪ 负压可在触摸屏上手动调整。

⑫ 风量可在触摸屏上手动调整。

⑬ 具有打印功能，包括工艺参数、操作记录、各设备的运行时间等。

（三）控制操作说明

1. 操作界面的组成

设备的所有操作都可在显示屏上进行，系统由以下画面组成。

（1）欢迎画面。

（2）系统主画面。

（3）自动操作画面。

（4）手动操作画面。

（5）程序设置画面。

（6）程序查看画面。

（7）温度控制画面。

（8）打印机设置画面。

（9）系统设置画面。

（10）企业介绍画面。

2. 欢迎画面

欢迎画面在每一次通电后显示，如图1－53所示。

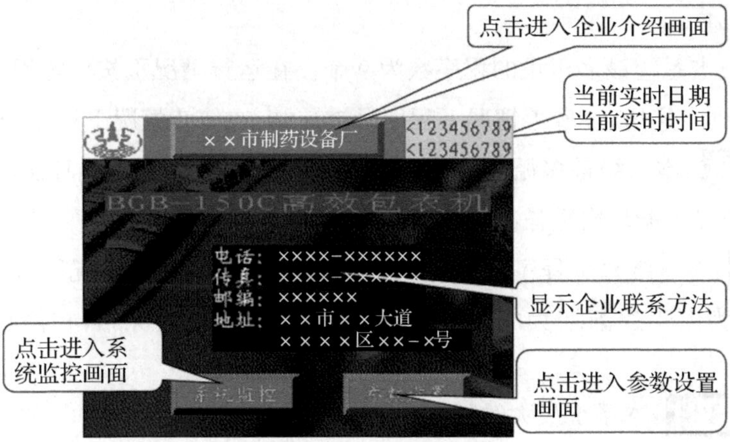

图 1-53 欢迎画面

3. 监控画面

监控画面如图 1-54 所示。

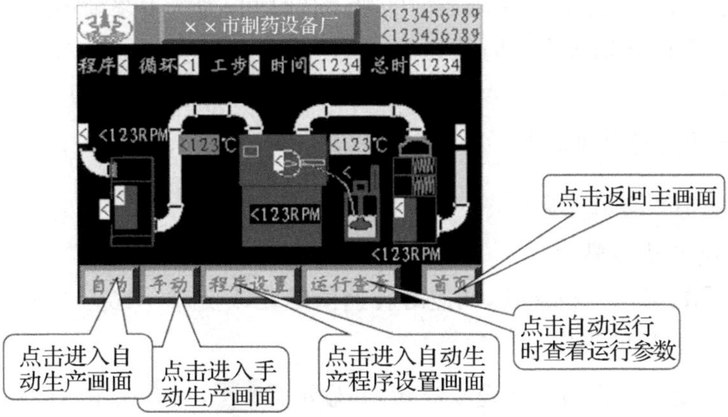

图 1-54 监控画面

4. 自动操作画面

自动操作画面如图 1-55 所示。

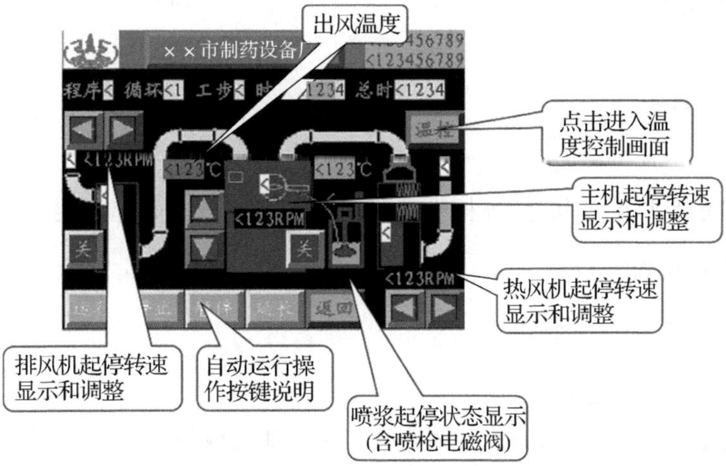

图 1-55 自动操作画面

（1）状态显示。

① 程序< ：本系统最多可设的程序数为 9 个。在运行情况下按设定程序显示实际生产的程序号，由 1 到 9 递增；在暂停情况下程序号被冻结，在停止情况下程序号为 0。

② 循环<1 ：本系统最多循环 99 次。在运行情况下显示当前循环次数，数值由 1 逐渐增大。在暂停情况下循环次数被冻结，在停止情况下循环值为 0。

③ 工步< ：本系统每个程序最大生产工步数均为 9。在运行情况下自动按照程序设定时间，显示步值为由 1 逐渐增大的值；在暂停情况下工步值被冻结，在停止情况下工步值为 0。

④ 时间<1234 ：本系统最大时间值为 32 767。

在运行情况下显示当前工序的实时时间，为由 1 逐渐增大的值；在暂停情况下时间值被冻结，在停止情况下时间值为 0。

⑤ 总时<1234 ：本系统最大时间值为 32 767。

在运行情况下显示从运行开始到当前的总运行时间，为由 1 逐渐增大的值；在暂停情况下总时值被冻结，在停止情况下总时值为 0。

⑥ 温度显示：

<123℃ ：显示实时出风温度。

<123℃ ：显示实时进风温度。

（2）主机控制与状态显示。

① <123RPM ：显示主机转速，调速时转速值随之改变（2～16 转），并且调节后的速度值不存入程序作为以后的程序运行参数。

②  ：点击此键主机转速加速 0.5 转，并显示为  ，只有在主机运转时才有效。

③  ：点击此键主机转速减速 0.5 转，并显示为  ，只有在主机运转时才有效。

（3）喷浆控制与状态显示。

①  ：喷浆在停止状态。

②  ：喷浆在运行状态。

③ 关 ：显示为喷枪关状态，喷枪在喷浆运行情况下点击此键可控制清枪，清枪时间由参数设置中清枪时间确定。

④ 开 ：显示为喷枪开状态。

（4）热风机控制与状态显示。

① <123RPM ：显示热风机转速，调速时转速值随之改变（0～2 900 转），热风机在加温控制情况下关闭时自动延时 20 s 停止。

② :点击此键热风机转速加速,并显示为,只有在热风机运转时才有效。

③ :点击此键热风机转速减速,并显示为,只有在热风机运转时才有效。

④ 热风机停止状态显示为"风""热风机"。

⑤ 热风机运行状态显示为"风""热风机"。

(5) 排风机控制与状态显示。

① 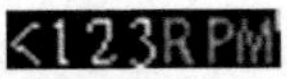

:显示排风机转速,调速时转速值随之改变(0～2 900 转)。

② :点击此键排风机转速加速,并显示为,只有在排风机运转时才有效。

③ :点击此键排风机转速减速,并显示为,只有在排风机运转时才有效。

④ 排风机停止状态显示为"风""排风机"。

⑤ 排风机运行状态显示为"风""排风机"。

(6) 自动控制按键。

① :停止状态时显示,在停止状态时点击此键 3 s 后进入运行状态,程序从工序 1 中工步 1 开始执行。

② 

:运行状态时显示。

③ :非暂停状态时显示,在运行状态下点击此键系统进入暂停状态,所有工作停止,记时时钟、循环次数全部停止。

④ 

:暂停状态时显示,在暂停状态下点击此键退出暂停状态,系统回到暂停前的运行状态。

⑤ :非停止状态时显示,任何时候点击此键 3 s 后进入停止状态,系统停止一切工作,所有显示参数回到初始状态。

⑥ 

:停止状态时显示。

⑦ :非延长状态时显示,运行时点击此键进入延长状态,在这个过程中工作不变化,但是时间冻结,不再记时。

⑧ 

:延长状态时显示,此时点击此键退出延长状态,时间冻结解除,回到正常的运行状态。

5. 手动操作画面

手动操作画面如图 1－56 所示。

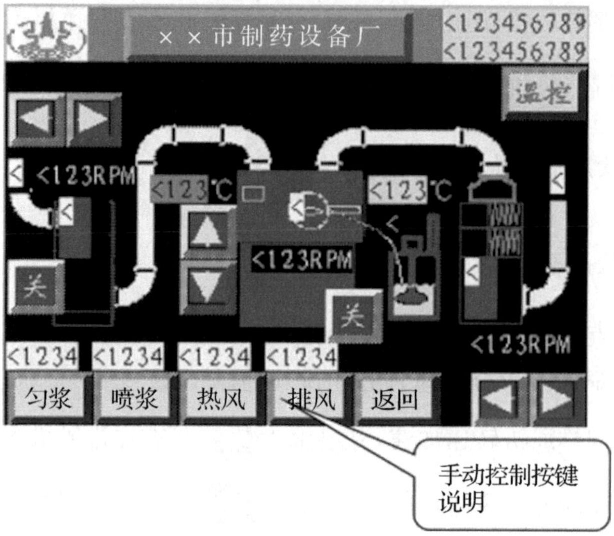

图 1－56　手动操作画面

(1) 手动控制与状态显示。

① 匀浆：匀浆停止状态，在系统停止的情况下点击此键，主机变频接通。

② 匀浆：匀浆运行状态，上面显示的数字为运行时间，单位同自动控制，选择 min 或 s；点击此键则关断主变频器。

③ 喷浆：喷浆停止状态，在系统停止的情况下点击此键，主机蠕动泵接通。

④ 喷浆：喷浆运行状态，上面显示的数字为运行时间，单位同自动控制，选择 min 或 s；点击此键则关断蠕动泵。

⑤ 热风：热风停止状态，在系统停止的情况下点击此键，热风变频接通。

⑥ 热风：热风运行状态，上面显示的数字为运行时间，单位同自动控制，选择 min 或 s；点击此键则关断热风变频器。

⑦ 排风：排风停止状态，在系统停止的情况下点击此键，排风变频接通。

⑧ 排风：排风运行状态，上面显示的数字为运行时间，单位同自动控制，选择 min 或 s；点击此键则关断排风变频器。

⑨ 关：(排风柜左侧)振打停止状态，在系统停止的情况下点击此键，振打接触器接通。

⑩ 开：振打运行状态，上面显示的数字为运行时间，单位同自动控制，选择 min 或 s；点击此键则关断振打接触器。

⑪ 关：(喷浆旁边)喷枪停止状态，在系统停止的情况下点击此键，喷枪电磁阀接通，并且按照参数设置的手动清枪间隔和清枪时间运行，在喷浆结束后，喷枪电磁阀还将延时 1 min 再关闭。

⑫ 开：喷枪运行状态，点击此键则关断喷枪电磁阀。

6. 配方(程序)的设置

配方(程序)的设置画面如图 1-57 所示。

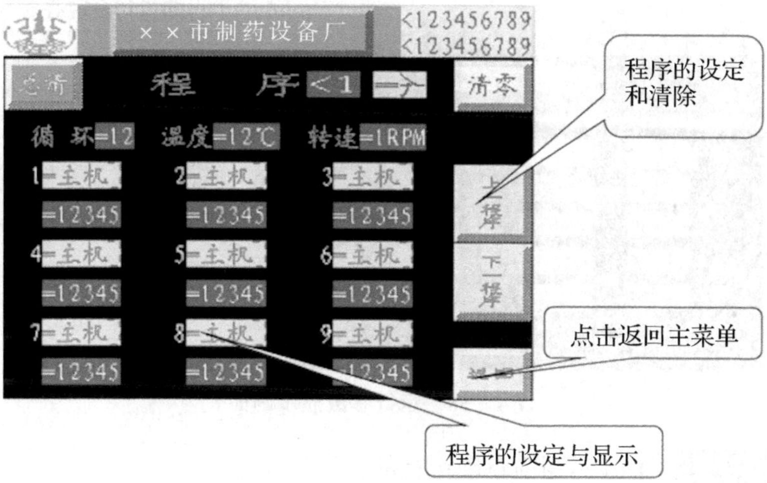

图 1-57 配方(程序)的设置画面

(1) 程序的设定与清除。

① 上一程序：点击此键程序号减 1，最小为 1(1～9)，可设定上一程序的内容。

② 下一程序：点击此键程序号加 1，最大为 9(1～9)，可设定下一程序的内容。

③ 清零：点击此键 3 s，对当前程序号中的程序内容进行清零，所有参数变为 0。

④ 总清：点击此键 3 s，对全部 9 个程序的内容进行清零，全部参数变为 0。

(2) 程序的设定。

① 程 序 <1：程序号设定，通过上一程序和下一程序进行设定。

② =分：程序记时单位设定为分。

③ =秒：程序记时单位设定为秒。

④ 循 环=12：程序循环次数设定。

⑤ 温度=12℃：程序运行温度设定。

⑥ 转速=1RPM：程序运行转速设定。

⑦ =主机：程序中 1～9 工步的动作选择，共有 9 个动作可选择，分别为主机、喷浆、热风、排风、喷浆和热风、喷浆和排风、热风和排风、喷浆、热风和排风，其中后 4 种为同时工作计时。

⑧ =12345：程序 1～9 工步的动作运行时间设定，单位为 s 时，设定范围为 0～32 767；

单位为 min 时，设定范围为 0～545。大于 545 时，运行时间还是 545 min。

7. 运行参数显示

运行参数显示画面如图 1－58 所示。

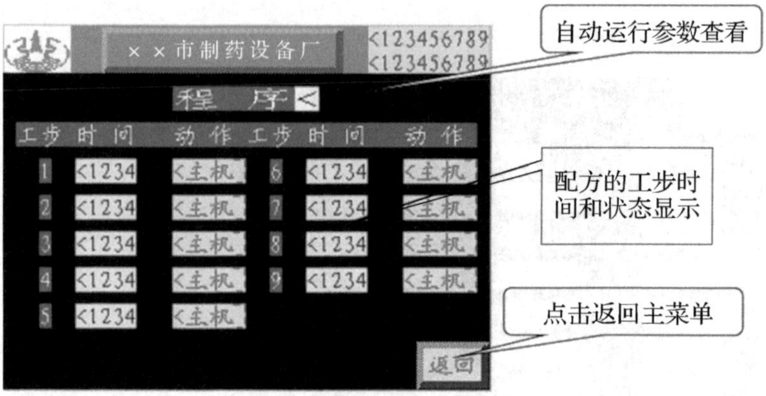

图 1－58　运行参数显示画面

① ：显示当前自动运行的程序号。

② ：显示动作 1～9 的动作时间。

③ ：显示运行状态当前动作未执行。

④ 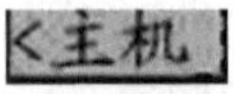：显示运行状态正在执行的动作。

⑤ ：显示停止状态。

8. 温度控制画面

温度控制画面如图 1－59 所示。

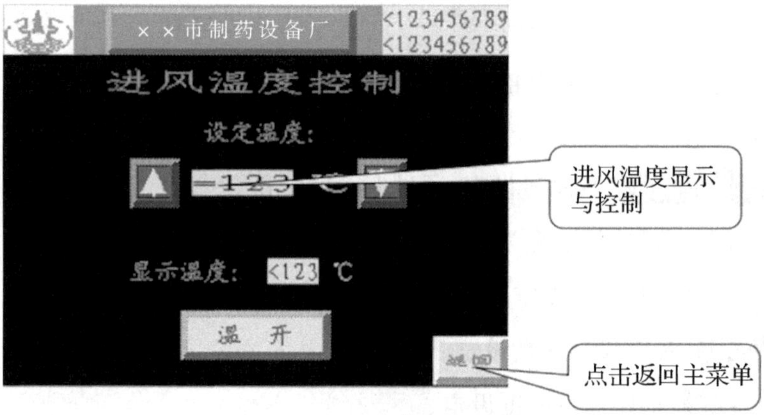

图 1－59　温度控制画面

① ：在此输入设定的进风温度，调节阀将自动按照设定温度进行控制。在自动运行情况下，输入的设定进风温度将自动存入当前运行的程序号中，下次运行该程序时将按照此设定温度进行控制。

② ：设定进风温度加 1 ℃。

③ ：设定进风温度减 1 ℃。

④ 

：显示实际进风温度。

⑤ 

：显示温度控制开关为开，且热风机打开，设定进风温度大于实际进风温度时，调节阀开始加热调节。

⑥ 

：显示温度控制开关为关，在此状态下调节阀关闭。

9．打印机参数设置

打印机参数设置画面如图 1－60 所示。

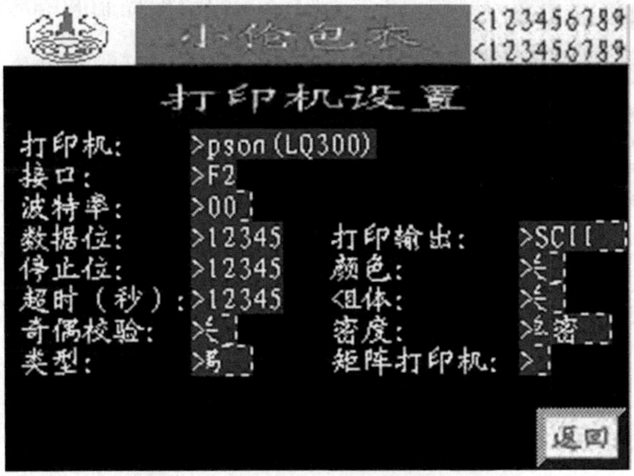

图 1－60　打印机参数设置画面

此画面不可更改任何参数，否则将会无法打印。

10．参数设置画面

参数设置画面如图 1－61 所示。

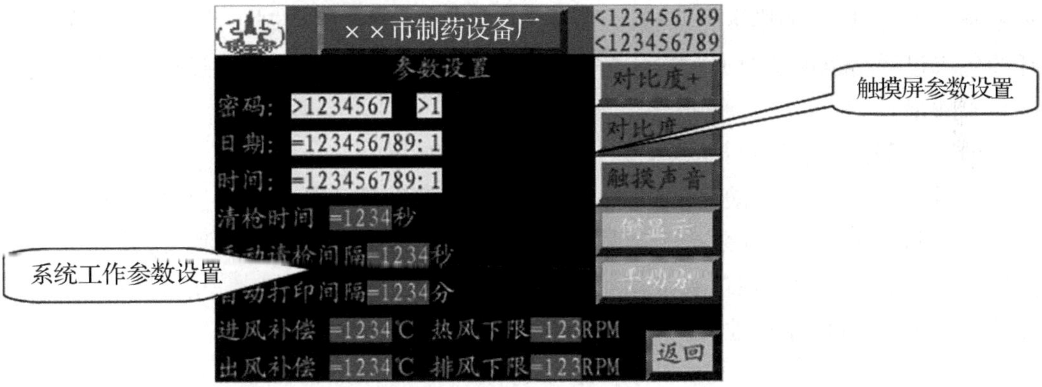

图 1－61　参数设置画面

（1）触摸屏参数设置。

① 

：点击此键可增加触摸屏的对比度。

② 

：点击此键可减少触摸屏的对比度。

③ 触摸声音：连续点击后可选择触摸按键发出的声音大小。

④ 日期： =123456789:1：在此可设置触摸屏显示的工作日期。

⑤ 时间： =123456789:1：在此可设置触摸屏显示的工作时间。

⑥ 密码： >1234567 >1：在此可设置进入参数设置画面和信息打印机设置的密码，前面设置密码，后面设置密码等级（0～8）。

（2）系统工作参数设置。

① 清枪时间 =1234秒：在此设置自动和手动操作情况下的清枪时间。

② 手动清枪间隔=1234秒：在此设置手动喷浆下的清枪控制间隔时间。

③ 自动打印间隔=1234分：在此设置自动运行情况下打印自动生产记录的间隔时间。

④ 进风补偿 =1234℃：设置进风温度的温度补偿值。

⑤ 出风补偿 =1234℃：设置出风温度的温度补偿值。

⑥ 倒显示：设置自动运行时循环次数、动作工作时间的倒记方式。

⑦ 正显示：设置自动运行时循环次数、动作工作时间的正记方式。

⑧ 手动分：设置手动运行情况下工作的时间单位为 min。

⑨ 手动秒：设置手动运行情况下工作的时间单位为 s。

四、包衣操作简要说明

1. 包糖衣

包糖衣作业由自动控制的喷浆、匀浆、干燥（热风、排风）三大循环工艺组成的作业过程完成。各段工艺作业时间、喷浆量、匀浆转速、干燥温度及循环次数等工艺参数可以按工艺要求编制程序，并操作触摸屏将其输入可编程控制器，由微电脑控制工艺过程。即使在自动循环的包衣过程中也可随时通过操作按键更改工艺参数，达到改变作业过程的要求，实现所需的包衣效果。

包糖衣的基本工艺过程：喷浆—匀浆—供热风—排风。

喷浆：将片芯装入包衣滚筒，通入热风预热后，在启动蠕动泵的同时启动主机，使滚筒同时进行不间断的运转。蠕动泵按工艺要求的转速将恒温糖浆输入多嘴滴管，并均匀地滴洒在滚筒内的片芯上。片芯在包衣滚筒中反复运动，使表面均匀地包上一层糖浆。在已设定的工艺时间下，完成喷浆作业。

匀浆：喷浆作业完成后，包衣机滚筒继续运转。

供热风：根据已设定的工艺时间间隔，自动开启热风机向包衣滚筒内连续输入干燥、洁净的热空气，对片芯加热干燥到工艺设定的时间。

排风：供热风后自动停止供热风并启动排风机，吸出包衣滚筒内潮湿的空气，经除尘处理排到室外。

这样就完成了一个工艺过程。按设定的循环次数，上述工艺过程循环进行。最后进行滚光(只有主机运转)和冷却完成包糖衣的全部全程。全过程一般需 4～6 h。

2. 包薄膜衣

薄膜包衣包括有机薄膜包衣和水相薄膜包衣。在薄膜包衣的整个过程中，喷洒雾状包衣敷料是连续性的。主机运转(匀浆)、干燥等工艺也同时连续进行。因此，薄膜包衣过程中输浆泵(蠕动泵)、主机滚筒、热风机、排风机自始至终处于连续运转状态。

喷雾系统由配浆桶、恒压输送料浆的蠕动泵、料浆调节器、喷枪等部件组成。作业时，需要将喷枪的喷雾气压和喷雾角度仔细调整一致，同时调整好适当的蠕动泵转速和浆料调节器就能得到所需要的理想雾化状态。包衣过程中热风温度、主机转速、运转时间等工艺参数可以按不同规格、形状、重量的片芯及各种不同性质的包衣敷料的工艺要求编制程序，操作面板上的按键，输入可编程序控制器，控制工艺过程。并可随时更改工艺过程，使片芯得到理想的薄膜包衣效果。最后进行滚光和冷却。完成薄膜包衣的全过程一般需要 1～3 h。

由于薄膜包衣时，包衣敷料在包衣过程中只需保持常温，因此配套供应的电加热搅拌保温罐加热器不需要使用，该罐无须接上电源，只要向气动马达桶通入压缩空气，保证搅拌器正常工作即可。

五、设备的保养维修

1. 主控系统电气保养

(1) 整套电气设备，每操作 50 h 后须进行一次检查，并进行定期保养。

(2) 系统中主要元件，如接触器、继电器、可编程控制器均采用导轨式或插件式安装，检修保养方便，用户应在每次检修时视情况更换有关继电器、接触器，并定期整定热继电器。

(3) 定期用干布擦净光电转换器探头。

2. 主控系统电气维修

由于系统采用 PLC 控制，因此电气线路简单明了，维修方便，持有国家规定证书的电工即可进行维修。

3. 主机减速机保养维修

减速机出厂时已加入二硫化钼润滑脂。一般每工作半年应检查一次，每工作 12～18 个月更换一次润滑脂。

进度考核评定

◇进度考核题目

一、简答题

1. 简述高效包衣机的组成。
2. 简述高效包衣机的操作过程。
3. 简述高效包衣机维护维修的过程。

二、实际操作题

按要求操作并维护维修高效包衣机。

◇进度考核评定标准

进度考核评定标准见表1－10。

表1－10　进度考核评定标准

编号	考核内容	分值	得分
1	认识高效包衣机的结构，熟悉工作过程	40	
2	保证安全和场地整洁	10	
3	能正确操作高效包衣机	25	
4	能正确维护维修高效包衣机	25	
合　计		100	

项目二 胶囊剂设备

任务一 软胶囊机

学习目标

1. 能认识软胶囊机的结构。
2. 能操作和维护维修软胶囊机。

所需设备和工具

任务所需设备和工具见表 2-1。

表 2-1 所需设备和工具

名称	规格	单位	数量
软胶囊机	RG0.8-110B 型	台	1
维修维护工具箱		个	1

一、设备结构

软胶囊机主要由主机、输送机、水浴式化胶罐、制冷机、定型转笼、电控箱等部分组成，其中关键设备是主机。

1. 主机

主机包括机座、机身、机头、供料系统、油滚系统、下丸器、展布箱、润滑系统等。

(1) 机座：用来支承全机。内装电机一台，是主机的动力源。通过电控箱中的变频器进行变频调速，可使滚模转速在 0～7 r/min 范围内无级调整，电控箱上的数字显示面板可显示滚模转速。机座下部装有四个调节螺杆，用于在设备安装时调平主机。

(2) 机身：置于机座上，内装齿轮和蜗轮蜗杆传动系统，将电机的动力分配给机头、油滚系、拉网轴、胶皮轮等。机身内还装有一台润滑泵，以便向机身、机头等部位的轴承、齿轮等供应液态石蜡。

(3) 机头：主机的核心，由机身传来的动力通过机头内部的齿轮系再分配给供料泵、滚模及下丸器等，驱动这些部件协调运动。两个滚模分别装在机头的左右滚模轴上(面对主机正面，左手侧为左)，右滚模轴只能转动，左滚模轴则既可转动又可横向水平移动。当滚模间装入胶皮后，可旋紧滚模的侧向加压手轮，将胶皮均匀地压紧于两滚模之间。机头后部装有滚模“对线”的调整机构，用来单独转动右滚模，使左右滚模上的凹槽一一对准。

(4) 供料系统：包括料斗、供料泵、进料管、回料管、供料板组合等，供料泵将料斗中的料液吸入，通过8根进料管送入供料板组合件，经供料板组合中的分流板分配后，部分料液从楔形喷体喷出，其余料液沿回料管返回料斗。料斗装有滤网，以便对料液进行过滤。供料泵左侧的调整手轮可用来调整供料量，逆时针（从泵的左侧看）旋转手轮可使供料量增大，反之则减少。供料泵正面的数字显示仪表显示单柱塞供料量折合的量滴数，供调整供料量时参考。供料板组合上装有开关柱，向外拉动开关柱可切断料液进入楔形喷体的通路，使料液返回料斗，停止供料。楔形喷体上装有加热管和温度传感器，电控箱上的温控仪可显示喷体的温度并可通过设定值来调节喷体的温度，以便将胶皮加热至合适的温度，从而保证滚压胶囊时能可靠地黏合。

（5）油滚系统：位于机身左右两侧，用来输送胶皮，并在胶皮表面均匀地涂一层液态石蜡。

（6）下丸器：在机头正前方的下部，由机头传来的动力经下丸器内部的齿轮带动一对六方轴和一对毛刷旋转，前者用来拨落经滚压后未从网胶上脱落的胶囊，后者则用来清扫滚模。转动换向手轮可控制六方轴正转或反转，调整螺钉则可调整六方轴间的间隙。

（7）展布箱：用途是将胶液均匀涂敷在旋转的胶皮轮上而形成胶皮。展布箱上装有加热管和温度传感器，通过电控箱上的温控仪可显示展布箱的温度，并可以控制展布箱内胶液的温度，使其达到设定温度。转动展布箱两边的调整螺钉则可调节胶皮的厚度和均匀度。

2. 输送机

输送机用来输送软胶囊，它由机身、电机、链轮链条、传送带和调整机构等组成，调整机构用来张紧传送带。传送带向左运动时可将压制合格的胶囊送入干燥机内，向右运动时则将废胶囊送入废丸桶中。

3. 水浴式化胶罐

水浴试化胶罐是用不锈钢板焊接而成的三层容器，内桶装已配好的明胶原料（经加热保温后熔化为胶液），外桶与中桶之间有保温材料，中桶和内桶之间夹层盛软化水，并装有电热管和温度传感器，通过温控仪用来指示和控制水温，以保证所需要的胶液温度。使用时将空气压缩机的空气压力灌入水浴式化胶罐，利用压力使胶液通过明胶管进入展布箱内，其压力压强在0.04～0.06 MPa之间。

4. 制冷机

制冷机通过胶皮轮来冷却明胶皮。一般将制冷输出温度调节在13～25 ℃，以保证胶皮轮上的明胶液形成合格胶皮。

5. 定型转笼

主机压制的合格软胶囊，经输送机自动送入定型转笼进口，通过用不锈钢网眼板制成的转笼，进行定型。转笼逆时针旋转时，胶囊留在笼内进行定型；待合格后，顺时针旋转转笼，胶囊则可以自动进入接丸容器中。

鼓风机安装在定型转笼一边的端部，通过风道向转笼输送清洁的自然风，供胶囊定型之用。

二、操作使用

1. 操作使用必须注意的问题

（1）开车前机身内的液态石蜡应不低于油位指示管（机头下方液位计）高度的2/3；供料

泵壳体内的液态石蜡应全部浸没传动伞齿轮；机头左侧的油箱内亦应注入约 1.5 L 液态石蜡；并在机头上部的齿轮和门梁上部液态石蜡孔内加注适量液态石蜡。确保润滑系统工作正常后方可开机。

(2) 在两滚模间没有胶皮的情况下，严禁用加压手轮给滚模加压。

(3) 当滚模转动时，不得将楔形喷体直接压在滚模上。

(4) 严禁将硬物掉入两滚模之间。

(5) 建议在保温桶的中桶与内桶夹层内尽量使用石蜡油，以防止蒸发，同时严禁在缺油情况下使电加热器通电加温。

(6) 输送机和定型转笼换向必须在完全停稳静止后才可进行，否则可能导致电器元件损坏。

(7) 当胶皮轮上胶皮堆积或胶皮过厚时(往往发生在开始试调胶皮厚度时)，不得将胶皮强行送入油滚系统，防止将油滚系统的传动轴扭断。

(8) 所有电器系统中的插件均不应带负载插拔，以防止接点烧蚀。

2. 模具的安装

(1) 将模具安装到机头上即可自动对线，即左右滚模上的凹槽已一一对准(已经调整好)。

(2) 运转过程中如发现模具跑线现象，就需要重新调整。调整方法：转动机头右侧(面对机器)的手轮将供料泵置于非工作位置(升起位置)，使左右滚模刻线尽量靠近(但模具不可施压接触)，然后松开机头后面滚模对线机构的锁紧螺钉，使主机点动，用对线扳手调整主机后面的对线机构，反复调整，使左右滚模端面销孔上的刻线对准，对线误差应不大于 0.05 mm，然后将锁紧螺钉旋紧即可。

3. 滚模及供料泵的定时调整

(1) 使机头顶部的惰轮与变换齿轮脱开(处于非啮合状态)，转动供料泵的驱动方轴，使供料泵左边的四个活塞杆位于极左或极右(极左或极右取决于分流板的结构)位置。

(2) 以主机点动方式使左右滚模慢速微量转动，当供料泵处于工作位置(降下位置)时，使喷体上的定时刻线与滚模端面上较近的一对定时刻线对齐，调整时须保证压丸过程中喷体喷出的料液完全喷入胶囊腔内。

(3) 将可变齿轮板上的惰轮与可变齿轮啮合，即完成滚模及供料泵的定时调整。

4. 胶皮的制备和调整

(1) 调整主机两侧展布箱的前板，使其与胶皮轮完全接触，即间隙为 0。

(2) 将水浴式化胶罐安置到位，连接输胶管，给展布箱的加热管和输胶管加热套通电并调整展布箱温控仪，设定温度(一般为 65～72 ℃)并使温度稳定，即可启动主机和制冷机，供应胶液，制备胶皮。

(3) 旋转展布箱两侧的调节螺钉，提起前板，使其与胶皮轮的间隙加大，使胶液流出，展布在胶皮轮上。

(4) 用测厚仪测量两条胶皮厚度，根据测量结果调整展布箱上前板与胶皮轮的间隙，使胶皮厚度满足要求。

5. 压制胶囊

(1) 将两条胶皮分别送入油滚系统，经导向筒进入两滚模之间，再通过下丸器两个六方轴和拉网轴间的间隙，使胶皮进入剩胶桶内。

(2) 拧紧机头左侧的加压手轮，使左右滚模受力贴合，所施拧紧力以能使胶囊从滚模间被顺利切断为宜。

(3) 由人工向料桶内加满药，然后打开供料阀门给主机料斗供料，松开滚模加压手轮，放下供料泵(工作位置)，调节温控仪，使喷体上的热管通电加热达到设定温度，然后再次拧紧加压手轮，给滚模加压，调整供料量，推回供料板组合上的开关杆使喷体喷液，即可生产出胶囊。

6. 滚模的更换

生产形状、大小不同的胶囊，须使用不同规格的滚模，同时须更换与该滚模配套的变换齿轮、楔形喷体、分流板以及与分流板相适应的密封垫等。

7. 人机界面

人机界面如图 2-1 所示。

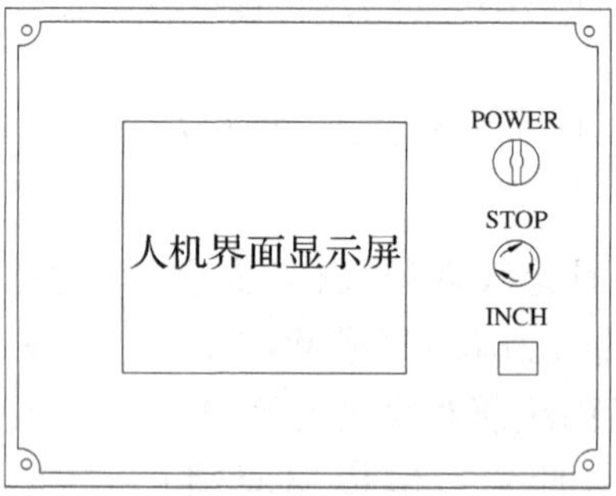

图 2-1　人机界面

(1) "POWER"为主机控制开关。

(2) "STOP"为急停开关，当需要立即停机时，可按下此按钮，切断主机控制电源，并自锁。重新开机时按照按钮上的箭头方向旋转打开急停按钮，即可恢复正常。

(3) "INCH"为点动按钮，在调试机器或需要间断启动主机时，可按此按钮进行点动开机，即按住则运行，松开则停机。

8. 人机界面操作

(1) 打开机器电源开关，显示屏显示欢迎使用画面，如图 2-2 所示，点击主画面上的任意点即可进入操作窗口画面。

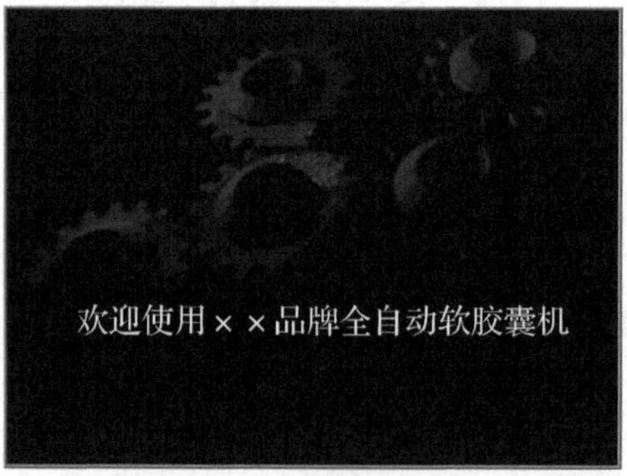

图 2-2　欢迎使用画面

(2) 操作窗口如图 2-3 所示，本窗口有保温桶、左右展布箱、注射器等加热区域，以及输送带、滚模转速、定型干燥控制、搅拌电机、鼓轮风机、产量、数量和消息栏等内容。

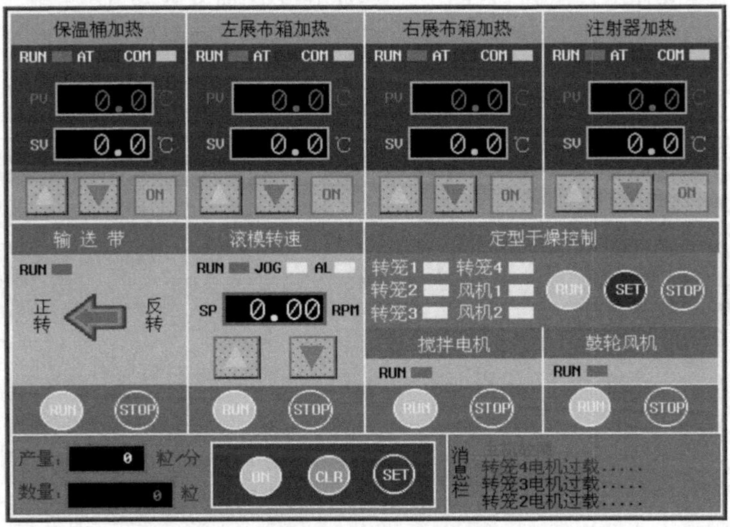

图 2-3 操作窗口

① 加热区域。

a. “RUN”为电热工作指示，加热状态时亮绿灯，停止加热时亮红灯。

b. “AT”为自动调整温控系统参数指示，系统工作时亮绿灯，不工作时则亮蓝灯。

c. “COM”为通信接口指示，各通信接口正常时亮绿灯，若出现故障，指示灯则呈红色闪烁指示。

d. “PV ”显示的数据为当前温度。

e. 按“SV  ℃”键，会弹出数字键盘，输入设定值并确认后，即完成温度设定。

f. 按“”键上调设置温度，按“”键下调设置温度。

g. 右下方按键为“ON”“OFF”切换键，“ON”为加热，“OFF”则为停止加热。

② 输送带。

a. 左上方的“RUN”为输送带工作指示，输送机工作时，指示灯亮绿灯，停止工作时亮红灯。

b. 正、反转箭头指示键可切换，按一下切换一个方向。正转为输送合格胶囊，反转则为输送不合格胶囊。

c. 按“RUN”键，输送机开始工作；按“STOP”键，输送机则停止工作。

③ 滚模转速。

a. “RUN”为滚模工作指示，滚模转动时亮绿灯，停止转动时亮红灯。

b. “JOG”为点动指示，点动时指示灯亮。

c. “AL”为故障指示，如果滚模传动机构出现故障，指示灯点亮提示。

d. 按“SP  RPM”键，会弹出数字键盘，输入设定转速值确定转速（滚模最高转速为 5 r/min，建议生产时选用 3 r/min）。

e. 按“RUN”键滚模开始旋转，按“STOP”键滚模停止转动。

④ 定型干燥控制。

a. 按“SET”键会弹出设置窗口（图 2－4），根据生产需要设定 1～4 组转笼的正转、反转和旋转、停转状态，以及风机 1～2 开关状态后再按“SET”键确定（该设备正转为干燥状态，反转为出料状态）。

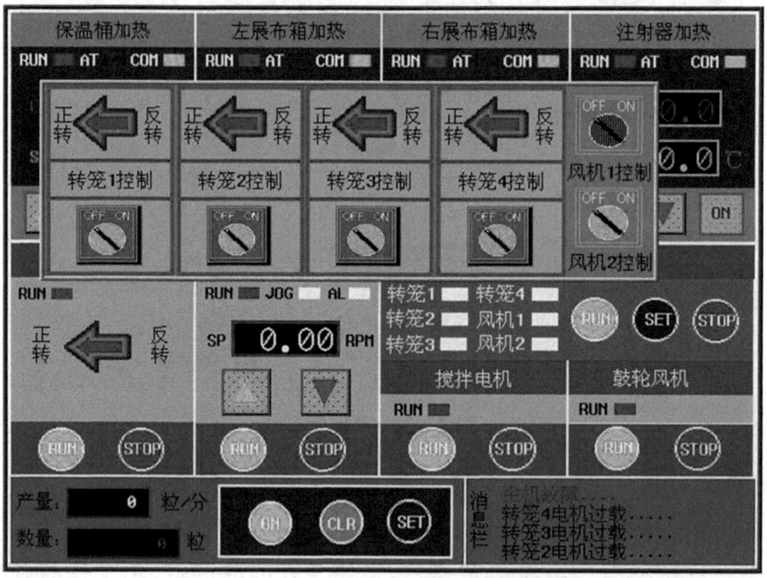

图 2－4　设置窗口

b. 按“RUN”键转笼根据所设定状态工作，按“STOP”键转笼则停止工作。

⑤ 搅拌电机。

a. “RUN”为搅拌电机工作指示，电机工作亮绿灯，停止工作亮红灯。

b. 按“RUN”键搅拌电机开始工作，按“STOP”键搅拌电机停止工作。

⑥ 鼓轮风机。

a. “RUN”为鼓轮风机工作指示，风机工作亮绿灯，停止工作亮红灯。

b. 按“RUN”键鼓轮风机开始工作，按“STOP”键鼓轮风机停止工作。

⑦ 产量与数量。

a. “产量 0.00 粒/分”显示当前产量，其计算方式为模具总孔数×滚模转速＝产量（粒/min）。

b. 模具孔数设定：先按“SET”键，会弹出一个模具孔数设定画面（图 2－5），点击小画面上“模总孔数：□个”的小框，会弹出数字键盘，把当前生产用的模具总孔数数据值输入并点击确定（每换一次模具，都要根据当前生产用的模具总孔数来重新设定）。

c. “数量：□粒”显示累计生产数量，如需清除累计数，则按“CLR”键，会弹出一个清零画面（图 2－6），按确定即可清零。

d. 机器调试完毕后可开始生产，如需显示产量和数量，可按“ON”键切换为“OFF”，窗口开始显示产量和累计数量，停止计数则再按“OFF”键即可。

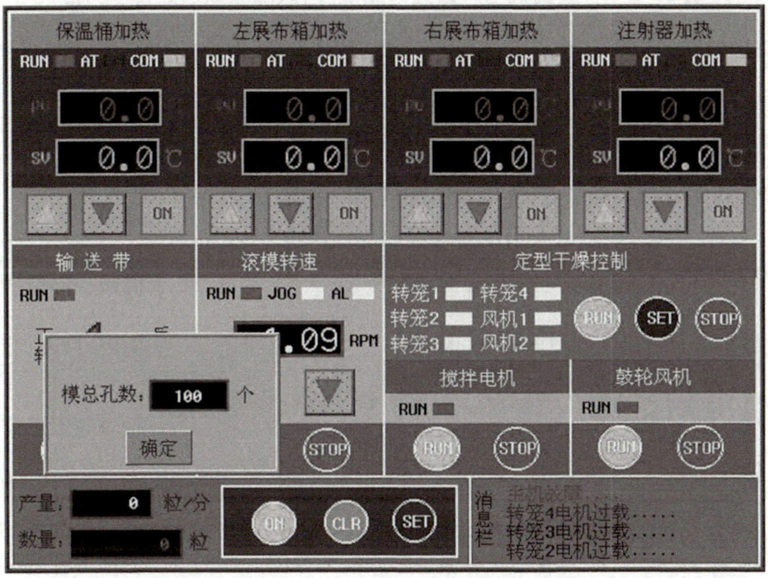

图 2-5　模具孔数设定画面

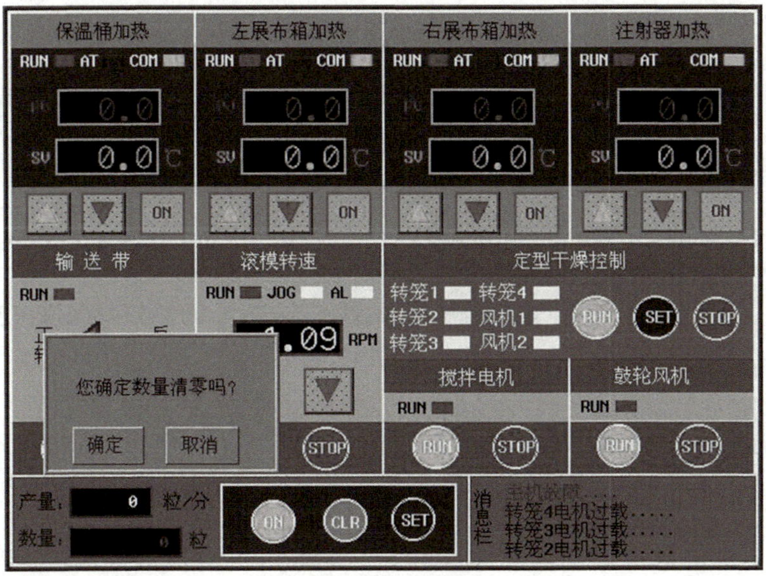

图 2-6　清零画面

(3) 注意事项。

① 在调整过程中，为防止烧坏电加热棒，应缓慢通过胶皮以吸收喷体的热量。

② 自整定时间的长短一般随系统环境不同有一定的差别，一般时间在 10～45 min。

③ 经自整定后，温控仪将控制参数值储存，以后生产不必再经过此阶段。此后如发现控制偏差比较大，可重新进行整定。

三、常见故障及其处理

软胶囊机电气系统常见故障、故障原因及其排除方法见表 2-2。

表 2-2　软胶囊机电气系统常见故障、故障原因及其排除方法

故障现象	故障原因	排除方法
保护开关自动跳闸，喷体温度无显示	① 加热套短路 ② 喷体加热元件短路	断电，修复加热元件或更换
保护开关自动跳闸，左右展布箱温度无显示	① 左展布箱加热元件短路 ② 右展布箱加热元件短路	断电，修复加热元件或更换
加热套不热	加热元件断开	断电，修复加热元件或更换
喷体不热，温度显示降至室温	加热元件断开	断电，修复加热元件或更换
控制开关置于“I”位置，变频器无法供电	变频器前级保护开关跳闸或交流接触器 KM0 没有吸合	检查原因后修复
主机运行中停车，变频器保护功能动作，变频器上的一个或数个状态指示灯亮	按随机附带的变频器使用说明书中有关状态显示查明故障原因	按随机附带的变频器使用说明书中有关内容排除故障

软胶囊机机器常见故障、故障原因及其排除方法见表 2-3。

表 2-3　软胶囊机机器常见故障、故障原因及其排除方法

故障现象	故障原因	排除方法
胶皮割裂或出现凹沟	展布箱胶液出口处有硬胶或其他杂物	清除硬胶或杂物（不必停机）
胶皮高低不平或呈波浪线	胶皮轮上有油或异物	擦拭胶皮轮
胶皮在油滚系与滚模之间堆垂	喷体位置不当或拉网轴过松	调整喷体位置及压紧拉网轴
胶皮宽度不够	展布箱出口有异物	清除异物
胶皮粘在胶皮轮上	胶皮轮里水温过高	调节制冷温度降低胶皮轮水温
胶囊形状不对称	两侧胶皮薄厚不均	调节胶皮厚度
胶囊壳内凹	胶皮质量问题	调节胶皮厚度或更换胶液
胶囊畸形	胶皮过薄，喷体温度过高，环境温度不适宜	调节胶皮厚度，降低喷体温度，改善环境温度
胶囊封口不好	滚模跑线，胶皮润滑不好，胶皮厚度不当，喷药时间不当，工作参数不当，滚模或喷体损坏	重新对线，改善胶皮润滑，调节胶皮厚度，调节喷药时间，调节工作参数，更换滚模或喷体
胶囊接缝开裂	胶皮太厚，胶液质量差，滚模跑线，喷体温度低，料液不适应等	调节胶皮厚度或更换胶液，重新对线，提高喷体温度，检查料液
胶囊装量不准	料液有气泡或过稠	改善料液状态

四、维护与保养

(1) 定期检查电气系统中各元件和控制回路的绝缘电阻(应不小于 5 MΩ)及接地的可靠性,以确保用电安全。

(2) 每班检查机身、供料泵壳体及主机左侧液态石蜡箱内的液态石蜡量,发现数量不足时应及时补充。

(3) 每月更换一次机身和每周更换一次供料泵壳体内的液态石蜡,并清洗过滤网。

(4) 每周将下丸器拆下(松开下丸器前立板上的两个螺钉即可)清洗一次,然后加适量液态石蜡,重新装复。

(5) 使用过程中及时向机头门梁上的孔和机头顶部外露的传动轴加适量液态石蜡。

(6) 经常保持两侧胶皮轮上清洁无油,发现油污应及时擦拭。

(7) 展布箱和输胶管在停止使用时,必须及时清洗干净。

(8) 一般情况下,每半年更换一次油滚系统上的毛毡。

(9) 每班检查主机传动皮带及输送带的张紧程度,发现过松应及时调整。

(10) 定期清理定型转笼风机罩的进风口,保证定型用风的清洁与通畅。

(11) 一般情况下,每一年对全部机械设备分解检查、清洗一次。8 根进料管不要分解,机头内的传动系统分解和装复要特别慎重、细致。

《进度考核评定》

◇进度考核题目

一、简答题

简述软胶囊机的结构。

二、实际操作题

按要求操作并维护维修软胶囊机。

◇进度考核评定标准

进度考核评定标准见表 2-4。

表 2-4　进度考核评定标准

编号	考核内容	分值	得分
1	能说出软胶囊机结构	40	
2	能操作和维护维修软胶囊机	60	
合　计		100	

任务二 全自动硬胶囊充填机

学习目标

1. 能正确操作 NJP－400D 型全自动硬胶囊充填机。
2. 能正确维护维修 NJP－400D 型全自动硬胶囊充填机。

所需设备和工具

任务所需设备和工具见表 2－5。

表 2－5 所需设备和工具

名称	规格	单位	数量
全自动硬胶囊充填机	NJP－400D 型	台	1
维修维护工具箱		个	1

一、设备概述

NJP－400D 型全自动硬胶囊充填机具有密封性好、变频无级调速、操作系统简便、胶囊上机率高、装量准确、体积小、能耗低、产量高、产品标准化和系列化以及噪声低、振动小等优点。安装上相应的模具，即可充填 0 号～5 号硬胶囊和 A、B、C、D、E 安全型胶囊。

NJP－400D 型三孔最高产量达到 400 粒/min。该机第三、第五工位设计保留为预留扩展工位，安装上相应的装置，可单独灌装缓释微丸、片剂，或在同一粒胶囊中与粉剂混装。该机配置光纤传感器和高速面板式微型打印机，可设置自动打印或手动打印；可随时提供当前产量、产量累计、周期成品率和成品率的文字说明。

可编程控制器通过具有报警信息的触摸屏，提示主电机、真空泵、加料电机、门等的工作状态，胶囊斗与料粉斗的容量位置，实际成品数量，成品率，送囊通道有无堵塞，模孔有无堵塞，操作人员有无操作失误等信息，是一种采用声音报警、信息提示的综合管理系统。

二、设备的结构

（一）机器的工作原理

胶囊的运转路线如图 2－7 所示，在第一工位上胶囊料桶内的胶囊会逐个竖直进入送囊板内，先由水平叉推至矫正块外端，再由垂直叉及真空吸力顺入模孔中，并将帽、体分离。在第二工位，模块降并向外运动。第三工位作为预留扩展工位，可安装上微丸装置，灌装缓释微丸。第四工位为粉剂充填，药室中的药粉经过五次充填压缩后推入胶囊体中。第五工位为预留扩展工位。第六工位用吸尘管路将帽体未能分离的残次胶囊剔除并吸收干净。第七工位的光纤传感器检测成品率，下模块向内运动并同时上升。第八工位锁合推杆上升使已充填的胶囊锁合。第九工位将锁好的胶囊推出、收集。第十工位吸尘机清理模孔后再次进入下一个循环。

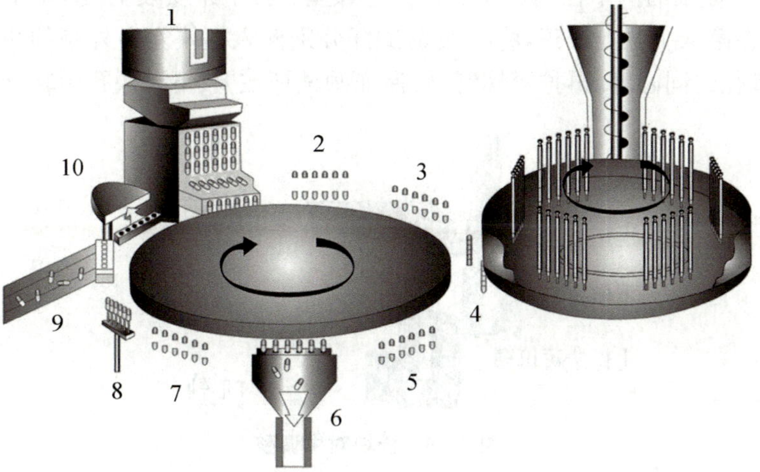

1. 第一工位；2. 第二工位；3. 第三工位；4. 第四工位；5. 第五工位；
6. 第六工位；7. 第七工位；8. 第八工位；9. 第九工位；10. 第十工位。

图 2-7　胶囊的运转路线

回转台如图 2-8 所示。

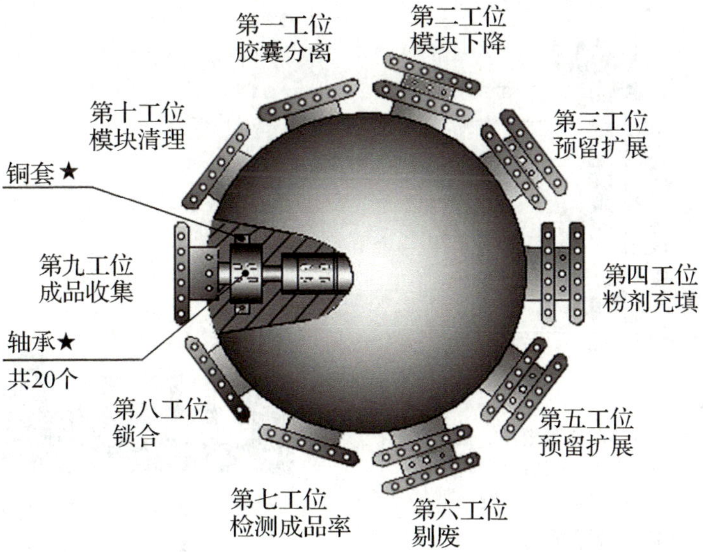

图 2-8　回转台

（二）操作使用

1. 充填模具更换方法

要更换充填胶囊规格时必须更换上模块、下模块、送囊板、水平叉、垂直叉、矫正块、充填杆和剂量盘(00 号～000 号胶囊还需更换锁囊、出囊顶针)。

(1) 上、下模块的更换方法。

如图 2-9 所示，松开回转台上盖板紧固螺钉，取下上盖板，再松开并取下上模块的紧固螺钉和下模块定位销，即可取下上、下模块。然后安装更换的另一规格下模块，将下模块的两定位孔对准T形轴的两个柱销定位后拧紧上螺丝。接下来安装上模块，每对上、下模块孔的同心度都要在第八工位上校正，将模块调试杆分别插入模块左右外侧的两个模块孔中校正上、下模块各孔的同心度，再拧紧螺钉，要保证调试杆在上、下模块孔中转动灵活。

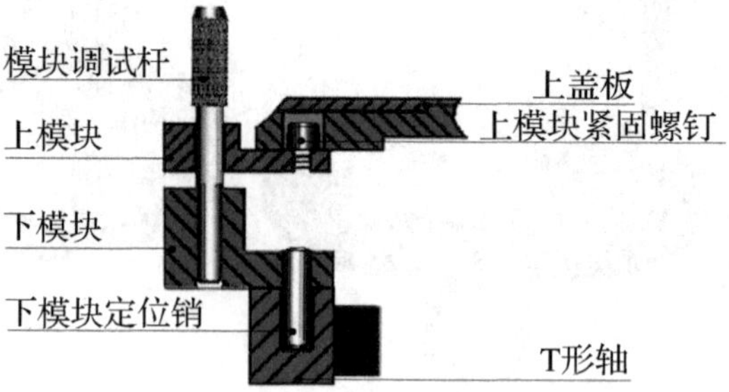

图2-9　模块对中调整

工作时要注意，更换模块时要用手柄转动机器，转动前必须取出调试杆。

(2) 送囊部件的更换。

分送机构和矫正块分别如图2-10和图2-11所示。

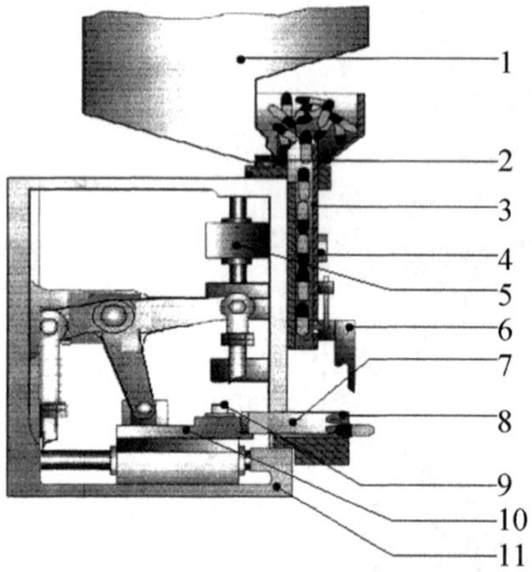

1. 胶囊漏斗；2. 紧固螺钉；3. 送囊板；4. 紧固螺钉；5. 直滑板；6. 垂直叉；7. 水平叉；8. 矫正块；9. 紧固螺钉；10. 横滑板；11. 机匣。

图2-10　分送机构

1. 矫正块；2. 紧固螺钉。

图2-11　矫正块

① 拆卸。

a. 松开胶囊漏斗的两个紧固螺钉，并取下螺钉和漏斗。

b. 用手柄转动主电机轴，使送囊板运行至最高位置。

c. 拧下送囊板上的两个紧固螺钉，取下送囊板。

d. 拧下矫正块上的两个紧固螺钉，取下矫正块。

e. 拧下水平叉上的螺钉，取下水平叉。

② 更换、安装。

a. 将矫正块两定位孔对准机匣上的销柱定位后拧紧上螺钉。

b. 将水平叉上的两条长槽对准横滑板上的销柱，安放在横滑板上，并调整至推送相应的胶囊最佳位置后拧紧上螺钉（一般是指水平叉运动时将胶囊体部推送至矫正块外端面）。

c. 将送囊板和后板两定位孔一起对准直滑板上的销柱，定位后拧紧上螺钉。

d. 安装上胶囊漏斗后拧紧螺钉（安装漏斗时注意长方槽和送囊板周边间隙的均匀）。

e. 更换送囊部件后，在漏斗里放一些空胶囊，启动真空泵，打开释放胶囊机构，用手柄转动机器，确认胶囊播送分离是否正常。

(3) 剂量盘与充填杆的更换。

a. 松开紧固螺钉，借助弹簧弹力升起药粉料斗（图 2-12）。

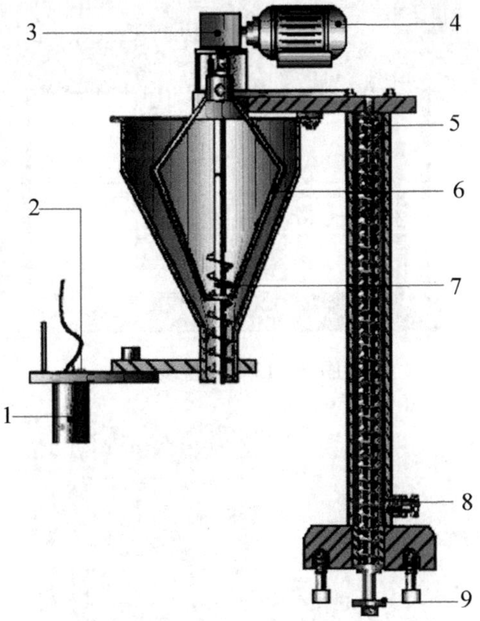

1. 电容传感器；2. 灵敏度调整螺钉；3. 蜗轮减速机；4. 驱动电机；
5. 弹簧；6. 搅拌臂；7. 输送螺旋杆；8. 紧固螺钉；9. 垫圈。

图 2-12 供料装置

b. 用吸尘器吸去药池环内的剩余药粉。

c. 用手柄转动主电机轴，使冲杆座盘处于最高位置。（图 2-13、图 2-14）

d. 拧松并取下盖形螺母，顺时针旋转旋钮，使压板、充填夹持器上升并提起拿下。

e. 将夹持器下方有长孔的小压板螺钉卸下，取下充填杆。更换充填杆后压上小压板，拧紧螺钉待装。

f. 先向上抽出拦板，拧下盛粉环盖板两端的两只紧固螺钉，用手柄相应转动主电机，松开固定盛粉环的四个紧固螺钉，将盛粉环和盖板慢慢提离剂量盘，再一起从侧面取出，不必卸掉冲杆座盘。

g. 用专用扳手卸下三个紧固剂量盘的螺钉，再取下剂量盘。

h. 将托座内的药粉清除干净后，装上要更换的另一规格剂量盘，三个紧固螺钉装上后不要拧紧。

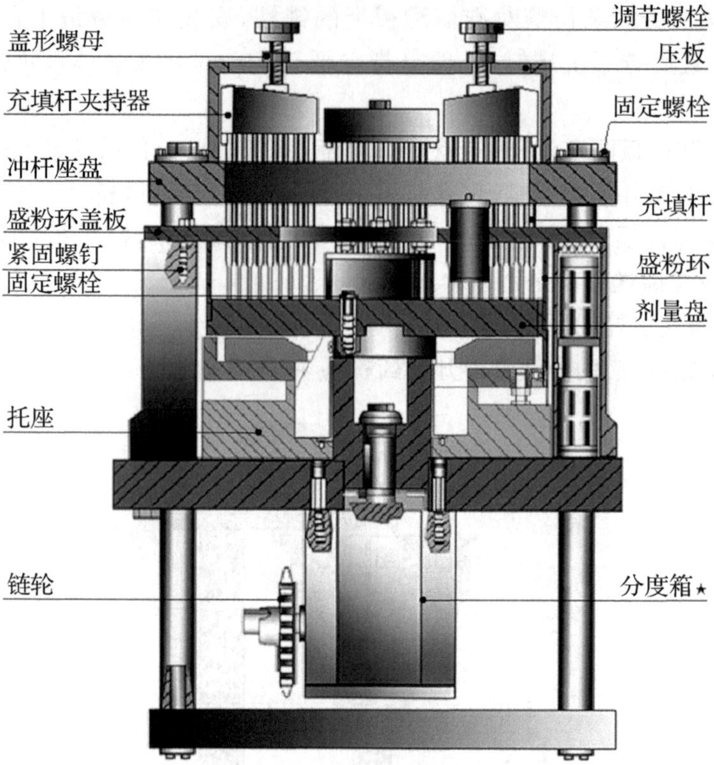

图 2－13　剂量装置

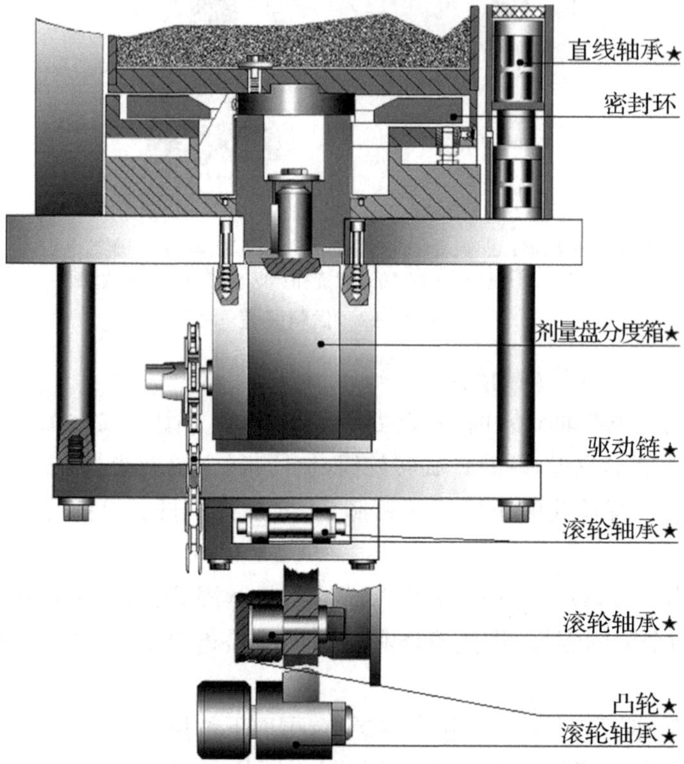

"★"表示润滑点

图 2－14　剂量装置的驱动机构

i. 用手柄相应转动主电机，使冲杆座盘下降到最低位置，将两根剂量盘校正杆分别插入冲杆座盘的多个不同位置的孔中，此时要仔细适量地转动剂量盘，使校正杆顺利地插入孔中。然后细心地轮换拧紧三个螺钉，紧固后如果校正杆不能顺利插入剂量盘孔，必须重新调整，直到顺利插入为止。

j. 将盛粉环和盖板一起从侧面进入安装到位，用手柄转动机器，拧紧四个固定盛粉环的螺钉，如果更换的剂量盘比原剂量盘厚，要先将分粉器往上调整。

k. 拧紧盖板螺钉，再仔细调整分粉器的高度，使分粉器与剂量盘的间隙在 0.05～0.1 mm 之间，然后拧紧锁紧螺母。

l. 按原位将充填杆和夹持器及压板装上，并将盖形螺母拧紧。

(4) 更换模具后调整。

当每次更换模具规格后，都必须对机器作适当的调整，先用手柄转动主电机，使机器运转 1～2 个循环，如果感到有异常阻力，就马上停止转动，找出故障并排除直到状态正常为止。

2. 整机的调整

(1) 胶囊漏斗出口的调整。

分送装置如图 2－15 所示。装在漏斗上的胶囊挡板，可控制漏斗内胶囊出口处的高度，松开挡板旋扭螺母，拉动挡板，就可改变其高度。经验表明，出口的高度为胶囊出口总高度的 1/2 为较佳。

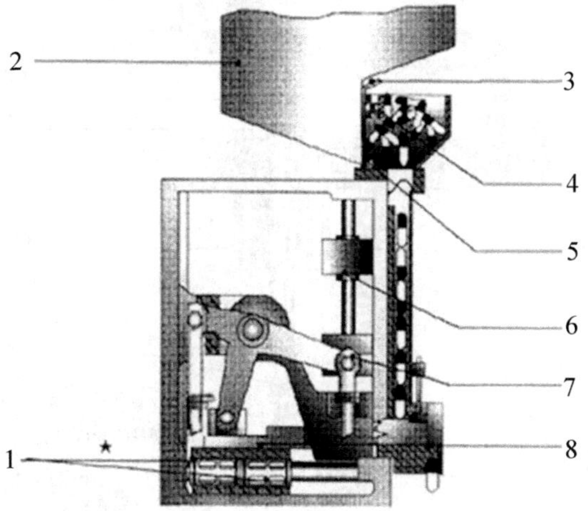

1. 直线轴承；2. 胶囊漏斗；3. 胶囊挡板；4. 旋钮螺母；
5. 紧固螺钉；6. 直线轴承；7. 滚动轴承；8. 横滑板。

图 2－15 分送装置

(2) 扣囊装置的调整。

扣囊簧片的开合时间是保证每次动作从送囊板内排出一粒胶囊为准。调整方法：松动限位块的紧固螺钉，移动限位块(图 2－16)，使之每次动作达到以上要求，并把待排出的胶囊扣留在如图 2－17 所示位置。

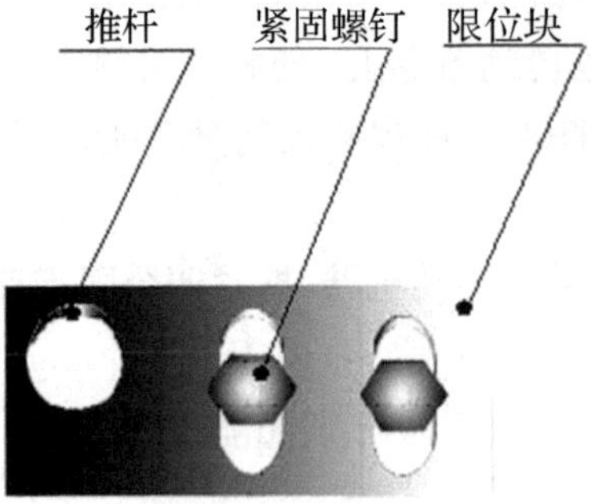

图 2-16　限位块

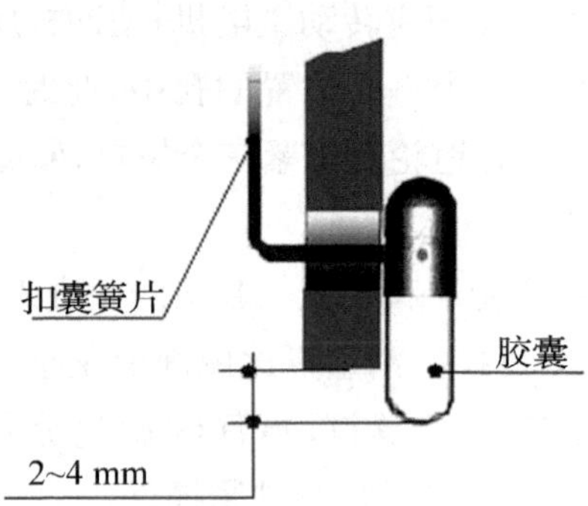

图 2-17　扣囊装置

(3) 真空分离器的调整。

机器每运转一个工位，真空分离器(图 2-18)就上、下运动一次。真空分离器的工作位置在设备出厂时已调整好，一般不必调整。如果需要调整，就要用手柄转动主电机轴，使真空分离器上升到最高位置，松开机器台面下的调节杆两端锁紧螺母(左、右螺纹)，旋转调节杆调整真空分离器的高度位置(分离器上平面与下模块下平面的间隙，间隙为 0～0.03 mm)，调整后锁紧螺母，复验几次，直至合适为止。再在送囊装置中放入空胶囊，启动真空泵，用手柄转动机器，确认分囊是否正常。

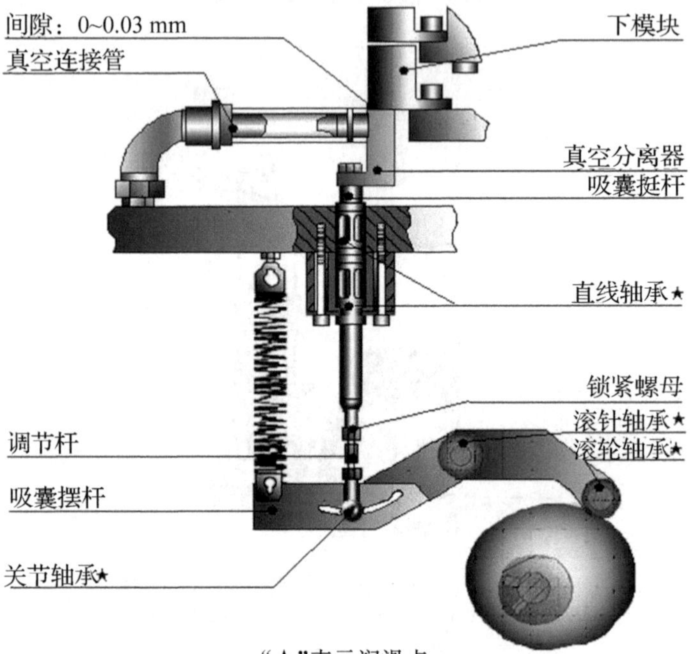

"★"表示润滑点

图 2-18　真空分离器

(4) 上、下模块的对中调整。

当更换模块后或发现在同一模块中总会出现胶囊分不开或扣不好的现象时，必须进行模块孔同心度对中调整，调整方法同前面所述。

(5) 剂量盘与密封环间隙的调整。

如图 2-19 所示为剂量盘与密封环结构。剂量盘与密封环的间隙应在 0.03～0.08 mm

之间(图 2－20),药粉颗粒大时,间隙可调大些,间隙过小会增大剂量盘与密封环之间的阻力。机器在运转中如发现漏药粉过多或阻力过大时,就要调节间隙。调节间隙的方法:松开并取下拦板上的五只螺钉,松开紧定螺钉和紧定螺母,依次均匀、仔细地转动五只调节螺栓来上下调节密封环的高度,用塞尺检测其间隙,检测三到五个测点,各点间隙值要一致,并要保证五个调节套都与密封环接触。检测完毕后,先顶紧紧定螺钉,然后锁紧紧定螺母;再一次检测间隙,确认无误后,将拦板装上并用螺钉固定好。

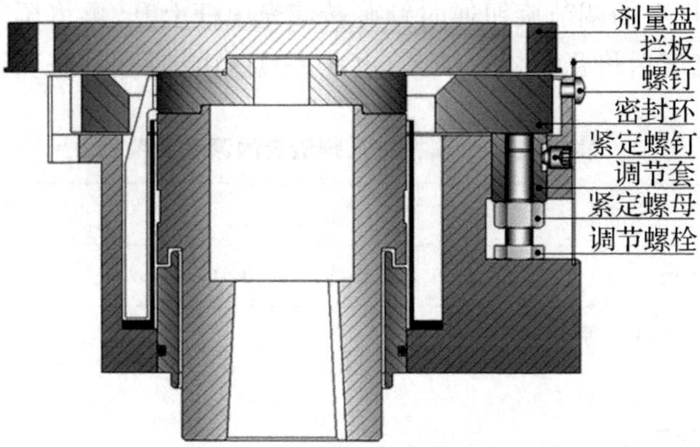

图 2－19 剂量盘与密封环结构

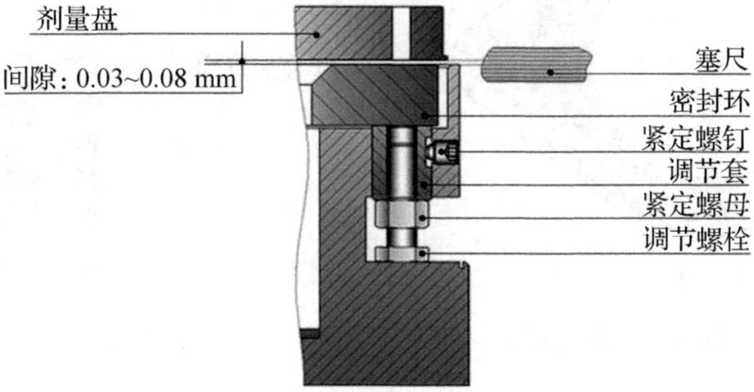

图 2－20 剂量盘调整装置

(6) 分粉器间隙的调整。

分粉器与剂量盘间隙如图 2－21 所示。每次更换剂量盘后都应调整这一间隙,此间隙在 0.05～0.1 mm 之间最佳。调整方法:松开锁紧螺母,转动调节螺钉,使分粉器升或降,用塞尺检查间隙后紧固锁紧螺母。

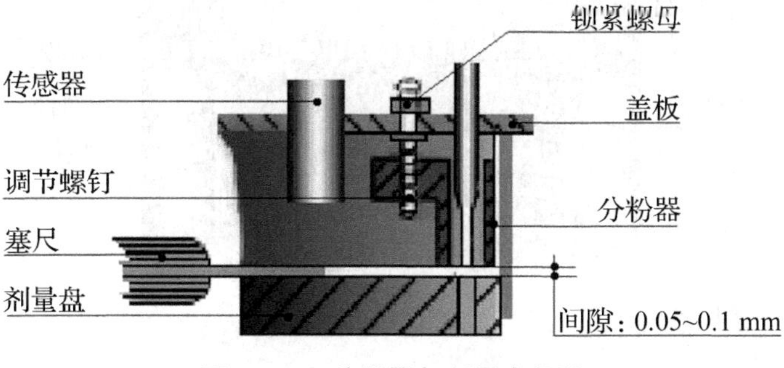

图 2－21 分粉器与剂量盘间隙

(7) 充填杆高度的调整。

充填装置六工位分布如图 2－22 所示。调整充填杆的高度可以改变药柱的密度和装药量，充填杆高度调整合适，可以得到精确的装药量。充填杆进入剂量盘的深度可参考表 2－6 中的尺寸进行，不宜过深。冲杆座盘处于最低位置时，夹持器上的标尺如图 2－23 所示，"0"线表示充填杆下平面与剂量盘下平面在同一水平面。也就是说视镜上的工作位置线对准的读数，就是充填杆下端平面离密封环的高度。调整方法：如图 2－24 所示，先松开调节螺杆上的紧固螺母，将螺杆上的调节旋钮逆时针旋转使充填杆上升，再将调节旋钮顺时针旋转使之下降到所需要的高度后将紧固螺母锁紧，也就是只能由高往低调整后再锁紧。

表 2－6　充填杆进入剂量盘的深度参考表

工　位	1	2	3	4	5
进入剂量盘深度/mm	9	5	3	2	0.5

注：本表格数据基于剂量盘厚度等于 18 mm

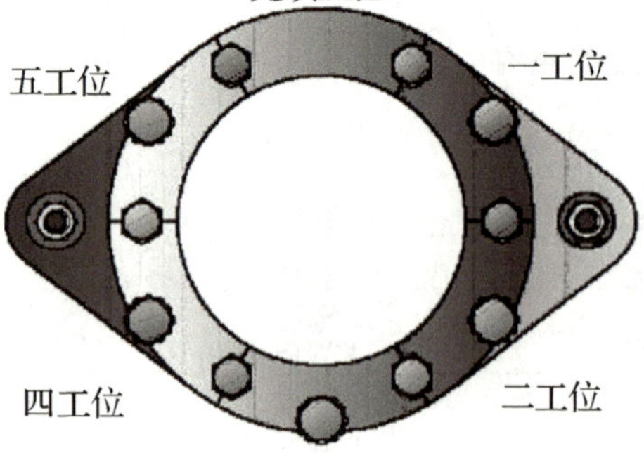

图 2－22　充填装置六工位分布图

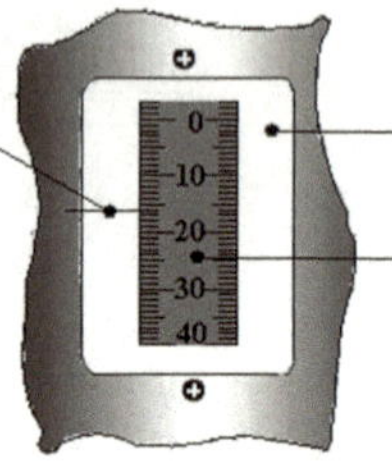

图 2－23　标尺示意图

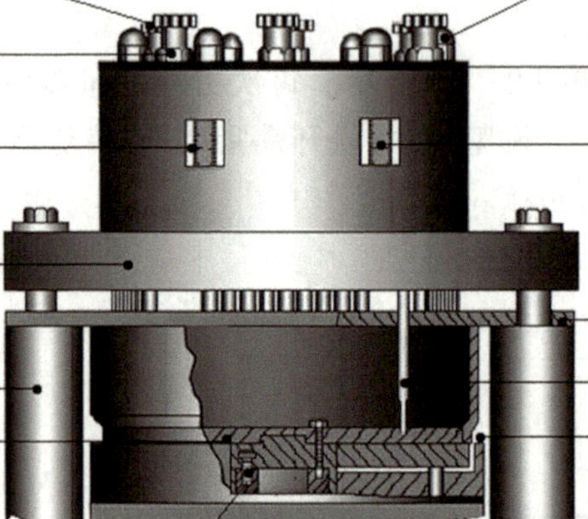

图 2－24　充填杆高度的调整

(8) 药粉高度传感器的调整。

电容式传感器用于控制盛粉环内药粉高度，传感器发出的信号是控制供料电机启动和停止的，因此，传感器的高低可决定药池内药粉的高低。根据胶囊的规格和充填药粉的流动性，适当调整传感器的高度，可获得精确的充填药量。调整方法：松开传感器上的夹紧螺钉，就可上下调整传感器的高度，调好高度后拧紧夹紧螺钉即可，如图 2 - 25 所示。传感器上部的螺钉可以调节它的灵敏度，传感器与药粉的传感距离为 2～8 mm。

(9) 残次胶囊剔除的调整。

在第六工位上，有如图 2 - 26 所示的吸口和可以上下运动的推杆，对未被分开的或有其他问题的胶囊进行剔除。吸口和推杆的高度是可调整的，当更换胶囊的规格时，就要对这部分作适当调整。吸口的高低调整方法：松开紧固顶丝就可以上下调整吸口高度，而后拧紧顶丝即可。吸口不能过低，吸口过低，会吸掉上模块孔中已打开的胶囊帽。

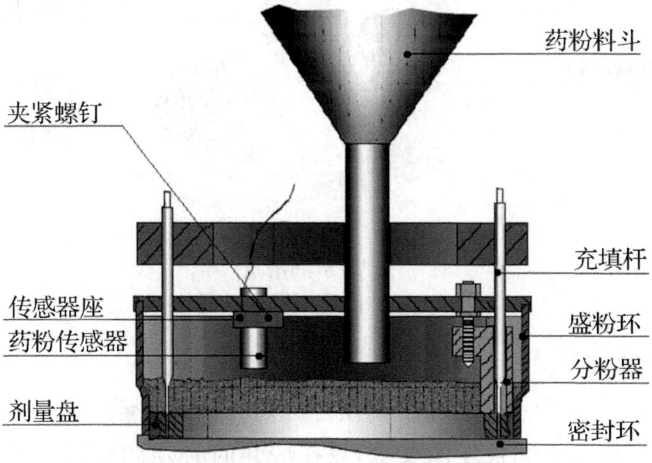

图 2 - 25 药粉高度传感器的调整

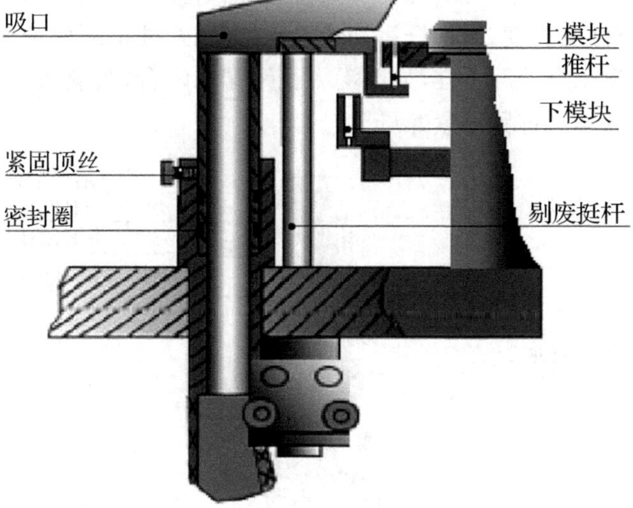

图 2 - 26 残次胶囊剔除机构

调节推杆高度的方法如图 2 - 27 所示：在工作台板下面，松开调节杆两端关节轴承上的锁紧螺母，转动调节杆就可以调节推杆的高低。将体帽未分开的胶囊，装在第五和六工位的上模块孔中，先用手柄转动主电机轴使推杆上下运动，并观察能否成功把残次胶囊剔除吸掉，然后紧固锁紧螺母。推杆的调整要仔细，当推杆上下运动时不能与上下模块相碰。

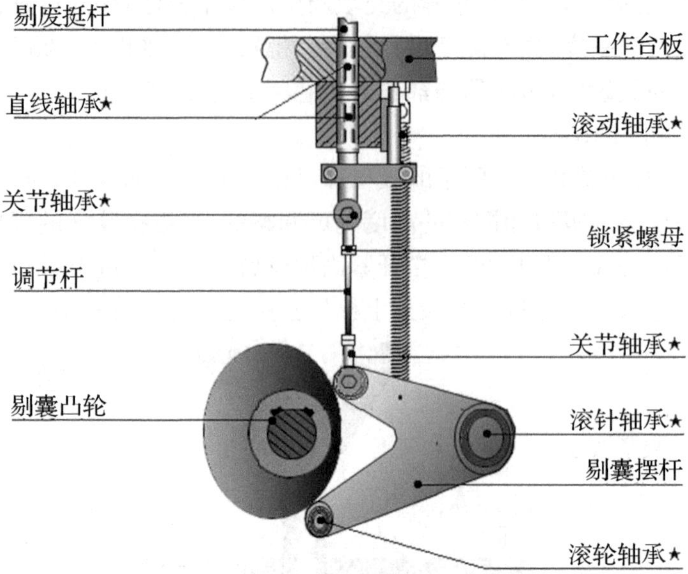

"★"表示润滑点

图 2－27　剔废挺杆驱动机构

（10）胶囊锁合的调整。

如图 2－28、图 2－29 所示分别为胶囊锁合机构和锁紧胶囊驱动机构。

根据胶囊不同规格和不同长度的要求，更换胶囊时必须调整胶囊锁合后的总长度。锁合挡板与模块中胶囊最高点的间隙应为 0.5～0.8 mm，如图 2－30 所示，此间隙通过更换锁合挡板下的垫片厚度进行调整。推杆高度的调整方法：将闭合好的胶囊放入模块中，调整连接锁合挺杆中的调节杆的长度，当推杆运动到最高位置时，柱销刚好顶住胶囊下部为准。充填过程中，若发现胶囊闭合情况不佳，如胶囊太长锁扣未闭合，胶囊太短造成变形，此时就要重新进行调整，调整完毕后拧紧锁紧螺母。

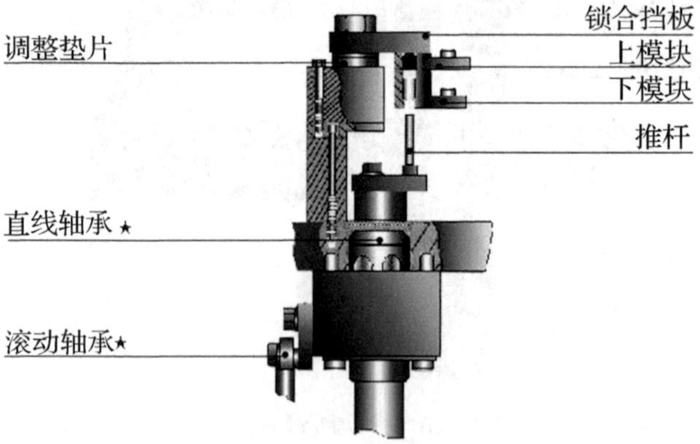

"★"表示润滑点

图 2－28　胶囊锁合机构

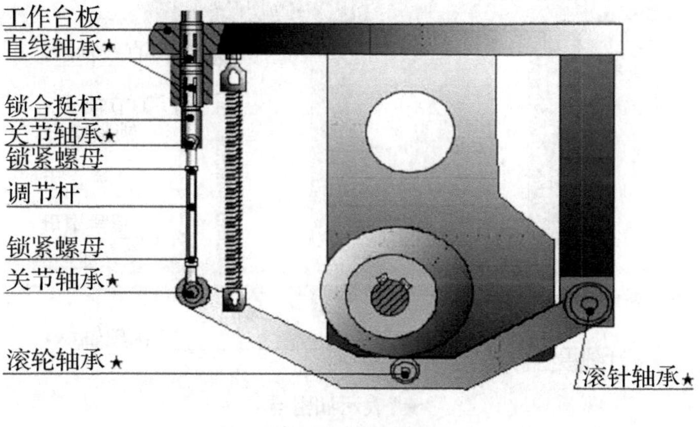

"★"表示润滑点

图 2-29　锁紧胶囊驱动机构

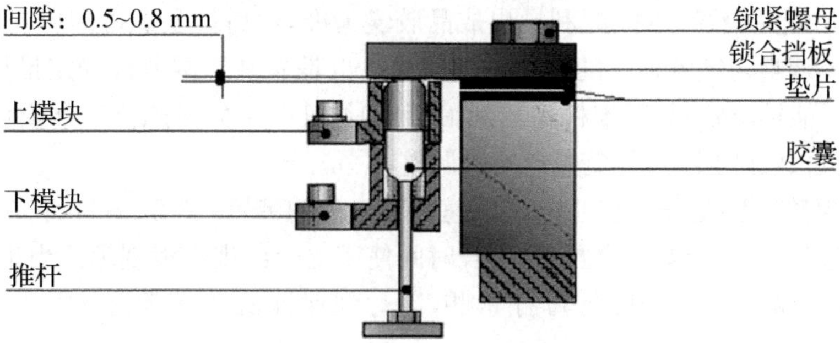

图 2-30　挡板与胶囊间隙

（11）成品胶囊导出装置的调整。

成品胶囊导出装置如图 2-31、图 2-32 所示。

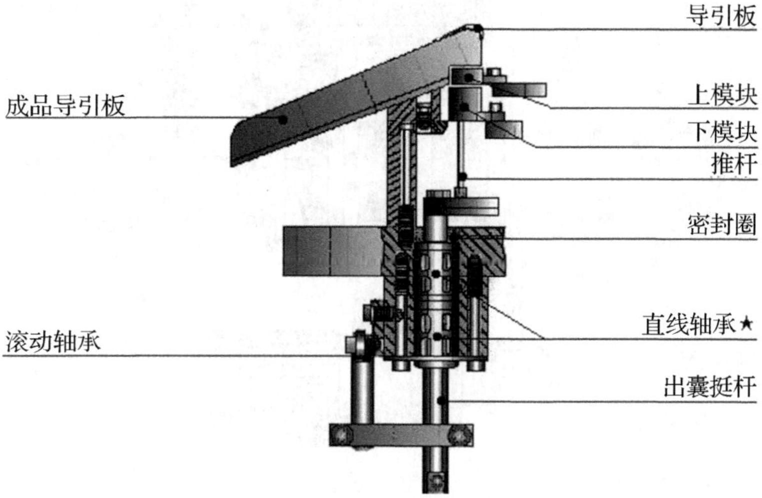

"★"表示润滑点

图 2-31　成品胶囊导出装置(一)

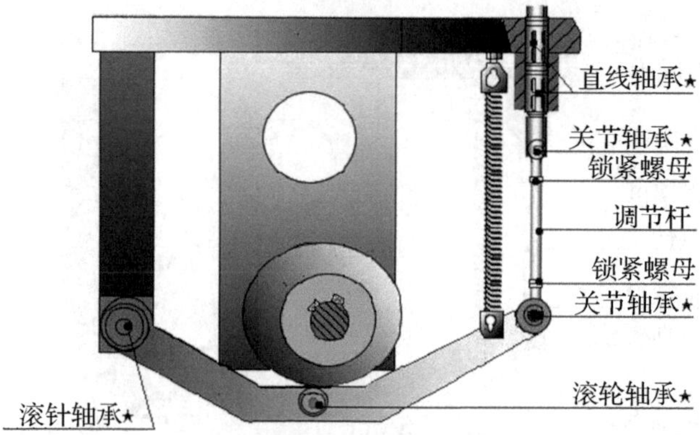

"★"表示润滑点

图 2－32　成品胶囊导出装置(二)

成品胶囊导出装置的调整包括成品导引板调整和推杆调整。成品导引板上有与模块孔距相等的导槽，松开两侧成品导引板的锁紧螺母，调整导引板的角度和高度，让导引板内导槽对准被推出的成品胶囊，以能顺利导出成品胶囊为准，然后拧紧螺母即可。

成品顶杆的调整与锁紧顶杆的调整方法相同。也是靠调整调节杆确定推杆高度，使推杆运行到最高点时能推出胶囊，而推杆运行到最低点时，其上平面必须低于下模块的下平面。

(12) 扭矩过载保险装置安全离合器的调整。

扭矩过载保险装置是安装在主电机减速机输出端的装置(图 2－33)，它在机器过载时起保护作用，负载正常时该装置不会打滑，但长时间使用也会出现打滑现象。当正常使用却出现打滑现象时，可以将该装置的圆螺母拧紧些，以达到保证机器正常运转又能起保护作用的目的。

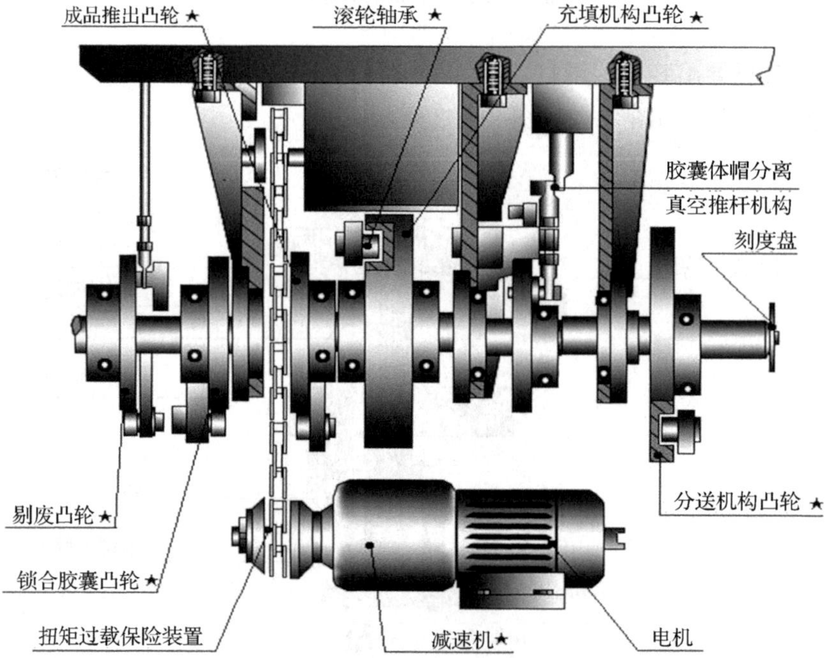

"★"表示润滑点

图 2－33　扭矩过载保险装置所在位置

（13）传动凸轮的调整。

传动凸轮位置在工厂装配时已调整准确，为保证各机构运行不发生干涉，不要随意调整，如果必须调整一定要慎重，按图 2－34 示意的角度位置仔细调整。

面对刻度盘正视，当凸轮位置如图 2－34 所示状态时（以下各凸轮外形可能与实际有些不符，主要参考对开刻和键槽位置），主轴上刻度盘指示角度如下：

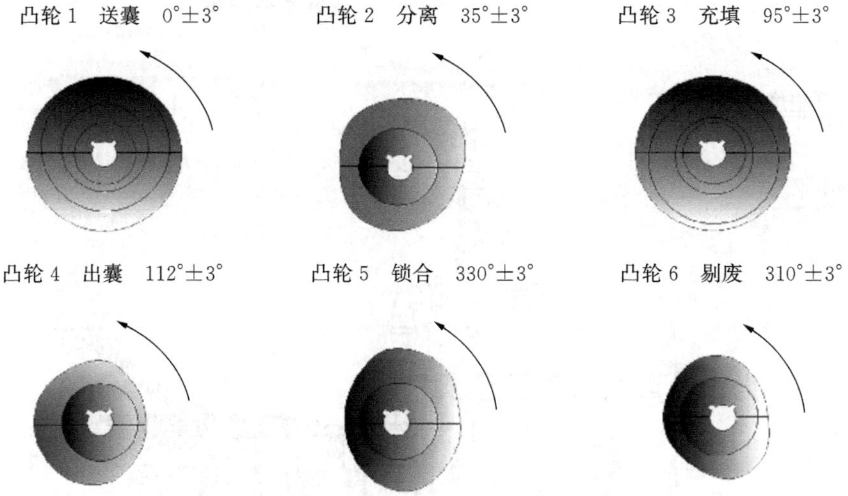

图 2－34　主轴上六个凸轮的安装角度

（14）传动链条的调整。

传动链条如图 2－35 所示。

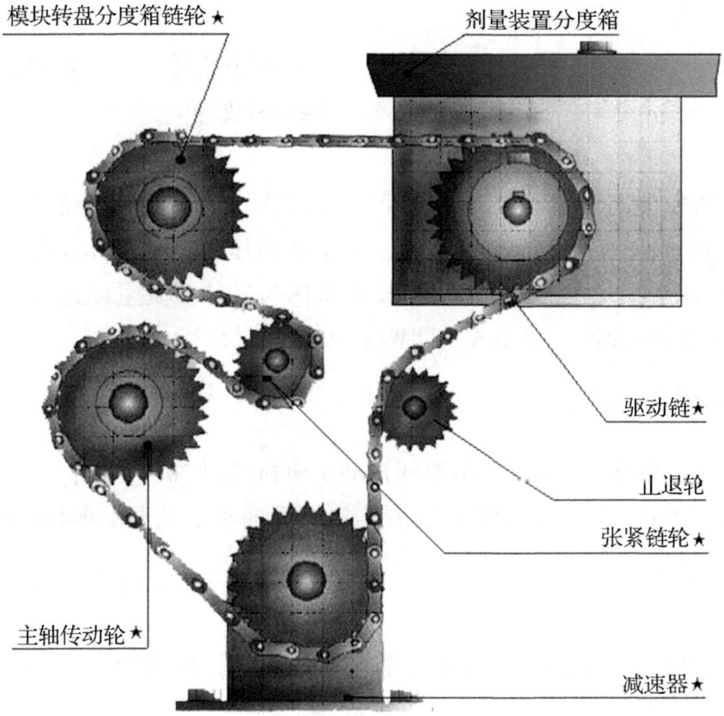

“★”表示润滑点

图 2－35　传动链条

当发现链条过松时，可移动张紧链轮进行调整，但不能使链条脱离任何链轮，更不能将链条打开，以免打乱整个机构的运动规律。

(15) 真空度的调整。

水环真空泵系统如图 2-36 所示。

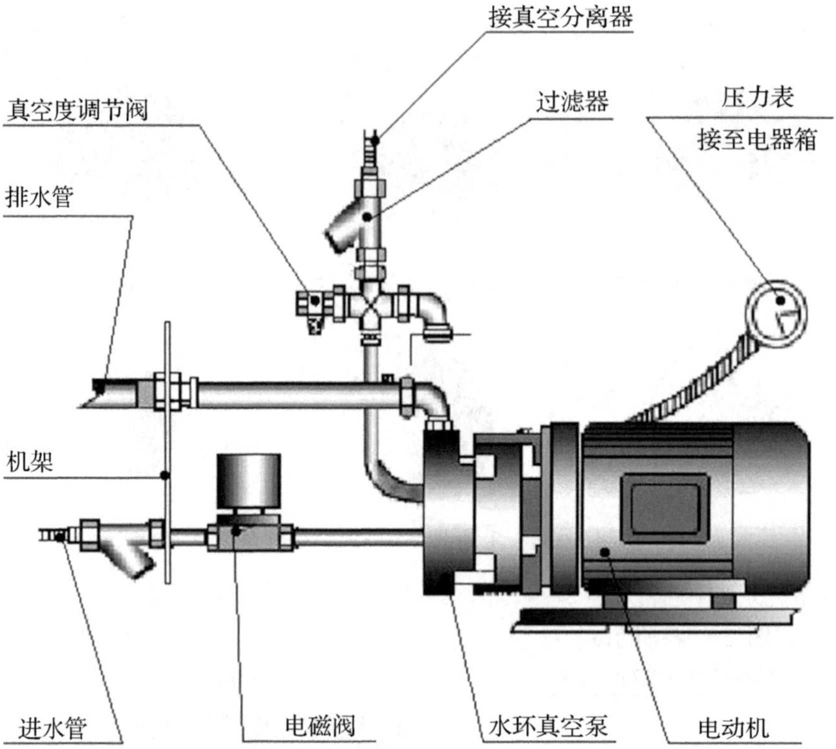

图 2-36 水环真空泵系统

水环真空泵需要使用清洁的水，真空度可以通过真空度调节阀来调节（如配置无油真空泵，无进出水管，而真空气管路不变），真空度可以在压力表上读出，吸囊时压强一般在 −0.02～−0.06 MPa，以保证胶囊能拨开，又不损坏为最佳。真空度过高时，可适当打开真空度调节阀；真空度过低时，可关小或关闭调节阀。

三、机器的启动与操作

开机前需要将机器检查一遍，并用手柄转动主电机轴，使机器运行 1～3 个循环，接通电源后再将电源总开关从“0”位置转至“1”位置。电器箱面板上的显示屏显示初始阶段画面。

（一）页面操作

1. 欢迎页面

接通电源，打开机器电源总开关，页面显示“欢迎使用”画面，按“进入”键即可进入控制页面。

2. 控制页面

如图 2-37 所示为控制页面，页面内容有“手动/自动操作切换”键、“手动/自动加料切换”键、“真空泵”手动键、“主机”手动键、“加料”手动键、“自动工作”键、“全线停止”键、“加料开始”键、“消音”键、“当前产量”键及“点动主机”键。

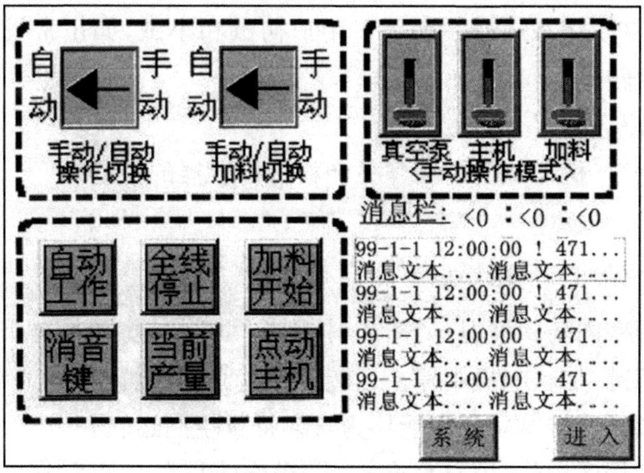

图 2-37　控制页面

（1）基本操作方法。

按“手动/自动操作切换”键，可互相切换手动和自动工作模式，只有在主机和真空泵处于停止状态时才能切换。

按“手动/自动加料切换”键，可互相切换加料手动状态和自动状态，只有在加料系统处于非工作状态时才能切换。

“真空泵”手动键、“主机”手动键、“加料”手动键和“点动主机”键只有在“手动/自动操作切换”键处于手动状态下，其操作才有效。

“全线停止”键可以在任何状态操作时，按一下就可以进行停机。

“消音键”用于对无胶囊报警进行静音或取消静音。

（2）全自动状态和操作。

在全自动状态运行时，首先要检查机器的四扇玻璃护门（因为四扇护门都有门控开关，当某扇门被打开或未关严时，在自动状态下机器不能启动；只有在四扇护门全部关好时，机器才能正常启动运转）。

操作方法如下：

按“”键将“手动/自动操作切换”和“手动/自动加料切换”指向自动。然后按“自动工作”键即可启动自动运行。真空泵、主机、加料电机按相应程序启动，此时加料电机受药料传感器控制，调整好传感器的高度。当药室内的药料低于所设定的高度时，加料电机能自动启动加料。当加料到所设定的高度后，加料电机会自动停止加料。当药料斗内的药料用完时，机器会通过缺料延时控制主电机自动停机。按“全线停止”键即可停机，并且会有相应消息提示。（若粉盘内无粉或料粉不够，应先手动加料至相应高度，再进行自动状态开机，避免出现不合格品和缺料停机）

（3）半自动状态和操作。

在半自动状态运行，机器不受门控开关控制，而加料电机受药料传感器控制。

操作方法如下：

按“←”键将“手动/自动操作切换”指向手动，将“手动/自动加料切换”指向自动。在手动操作模式栏里面先按“真空泵”键，再按“主机”键；最后按“加料”键。（半自动状态不能作为生产运行状态，半自动状态运行一般用于用户初试和小试，如正常投入批量生产，机器必须在全自动状态下运转）

（4）手动状态和操作。

在手动状态时运行，机器不受门控开关和料粉传感器的控制。

操作方法如下：

按“←”键将“手动/自动操作切换”指向手动，然后先按“真空泵”键，再按“主机”键，机器开始运转。查看药室内药料情况，如需加料，则按“加料”键，加料电机开始运转加料，加至所需量时再按“加料”键，加料电机则停止运转。（手动状态运行一般为制造单位用于连续空运载试验和安装时调试运转试验。不能作为长期批量生产运转）

若不按上述规定程序操作，消息栏会提示“操作错误”，该提示在 5 s 后消失，原页面恢复，此时可继续按规定进行操作。

3. 系统页面

在控制页面按“系统”键可进入如图 2－38 所示的系统页面。按该页面“控制面板”键即可进入控制页面；按“调试参数”键即可进入调试参数页面（调试参数页面可对加药料延时时间、无药料停机时间进行设定）；按“累计参数”键即可进入累计参数页面（累计参数页面可对工作时间、产出数量、当前产量、累计时间等进行查看，并可通过密码进行数据清零）；按“出厂设定”键即可进入出厂设定页面（出厂设定页面除产量可修改外，其他不得随意修改）；按“打印设置”键可进入打印系统页面，在此页面中，可设置机器编号、打印时间间隔、药品代号、手动/自动，按“打印”键，可直接打印。

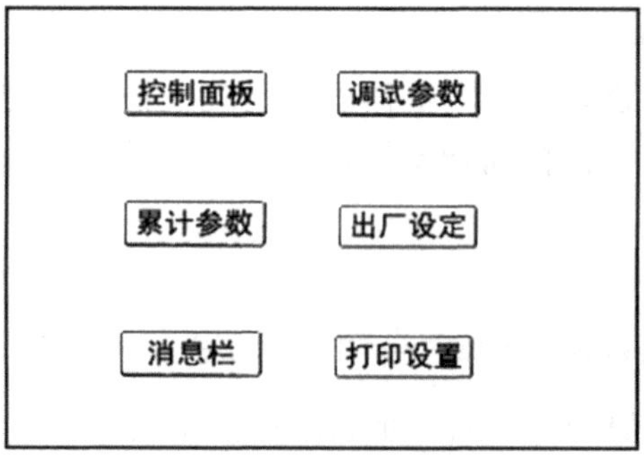

图 2－38　系统页面

4. 自动操作监视页面

如图 2－39 所示为自动操作监视页面，该页面能监视生产的基本状况，并通过棒图模拟显示胶囊和药料状况。若设定其产量，按“当前产量”出现数字键盘，输入相应产量后，按回车键确定当前产量（设定的产量应不大于机型号数，也不小于机型号数的 1/8）。

在该页面按“全线停止”键，机器立即停止运转；按“自动工作”键，机器将重新开始运转；按“消音键”，无胶囊蜂鸣报警停止蜂鸣声；按“返回”键即可返回控制页面。

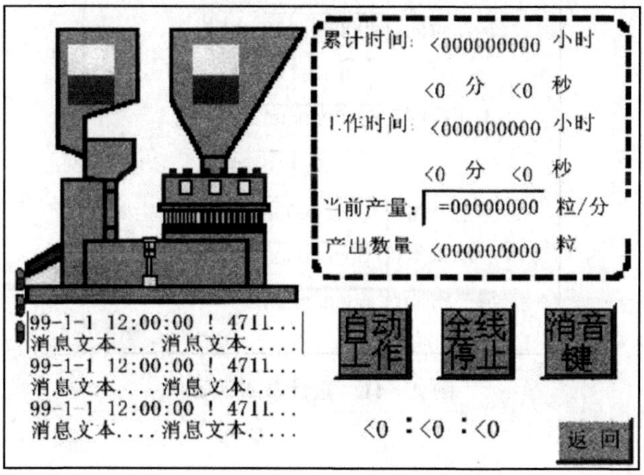

图 2-39　自动操作监视

5. 出厂设定页面

如图 2-40 所示为出厂设定页面，在该页面可修改产量。按“产量”，页面出现数码键盘，在键盘上按键输入想要修改的产量，确定所需的产量后按回车键即可。其他参数必须通过输入生产商密码进行修改。按“生产商密码”出现数字键盘，输入密码后按回车键，再按相应的型号参数即可进行修改操作（型号只有制造商方可设定，用户不得随意修改，如果有特殊情况，必须经制造商许可，用户才能自行修改，以免损坏机器，输出电流不可修改）。按“返回”键即可返回控制页面。

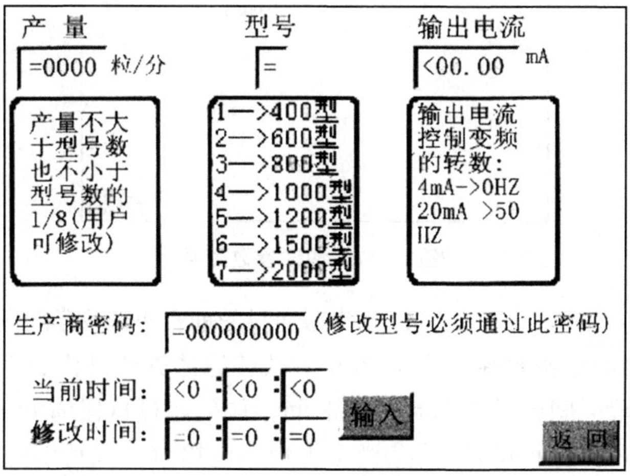

图 2-40　出厂设定页面

6. 累计参数页面

如图 2-41 所示为累计参数页面，在该页面上可对累计时间、工作时间、当前产量、产出数量进行查看。如需清零按“清零密码”，页面即会出现数字键盘，输入密码后按回车键，页面上的参数即变成“0”。按“返回”键即可返回控制页面。

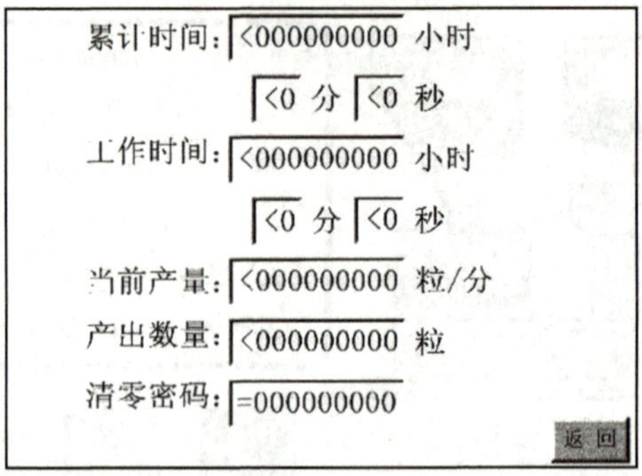

图 2－41　累计参数页面

7. 调试参数页面

如图 2－42 所示为调试参数页面，在该页面可对加药料延时时间、无药料停机时间进行设定。加药料延时时间是指在自动或半自动状态加料的前提下，电容式传感器测到药室内的药料粉已到所设定的量时，再维持加料电机工作的一段时间，这段时间就是加药料延时时间，从而避免传感器所测到的是料粉峰尖值。延时时间单位为秒(s)，一般出厂设定为 2 s。如需更改延时时间，按该页面上的“加药料延时时间设定”出现数字键盘，输入相应数据后按回车键即可。

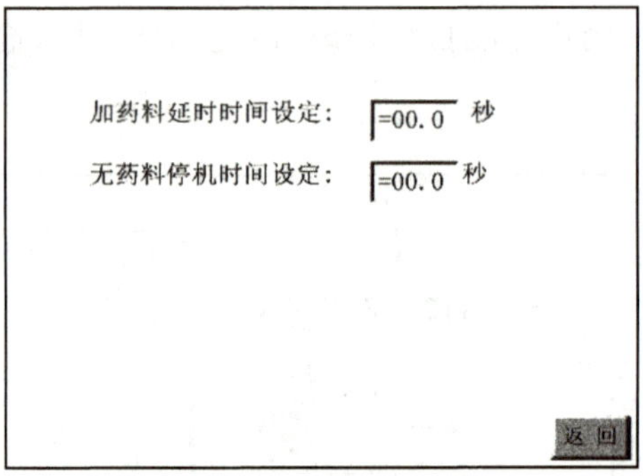

图 2－42　调试参数页面

无药料停机时间是指在自动或半自动状态加料的前提下，药粉料斗内的药料漏完后，药室内的料粉随着机器的运转而逐渐减少，在电容式传感器测到料粉少于所设定量时，主机继续运转一段时间，这段时间就是无药料停机时间。如果超过这段时间还没有药料进入药室内，控制程序则指令机器停止运转，消息栏会出现相应提示。该功能起到在无料时，机器在设定的时间停止运转，从而避免产生无粉柱胶囊和装量不够的胶囊。该延时的时间单位为秒(s)，一般出厂设定为 20 s(无药料延时停机时间的设定值要大于加药料延时时间)。如需更改延时时间，按该页面上的“无药料停机时间设定”出现数字键盘，输入相应数据按回车键即可。

按“返回”键即可返回控制页面。

（二）开始菜单页面

当打开机器的总电源时，人机界面会出现初始阶段画面，10 s 后自动进入欢迎页面，或按“Start”(启动)键也可进入欢迎页面。

开通机器总电源后,显示屏会显示开始菜单页面 10 s,如图 2-43 所示。此时,操作者只能按“Start”键,不能按另外三个键(因其里面的参数均已设置完毕)。否则,将导致操作系统不能工作。

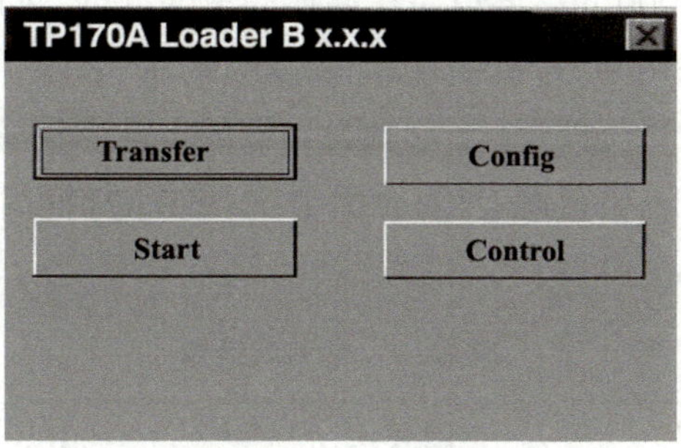

图 2-43 开始菜单

如果出现误操作,其纠正方法为在配置菜单页面(图 2-44)和控制设置菜单页面(图 2-45)中,按“OK”键,返回开始菜单页面,再进行正常操作。

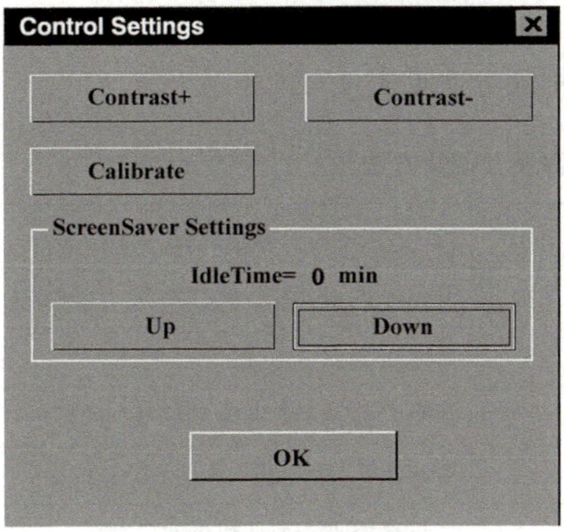

图 2-44 配置菜单

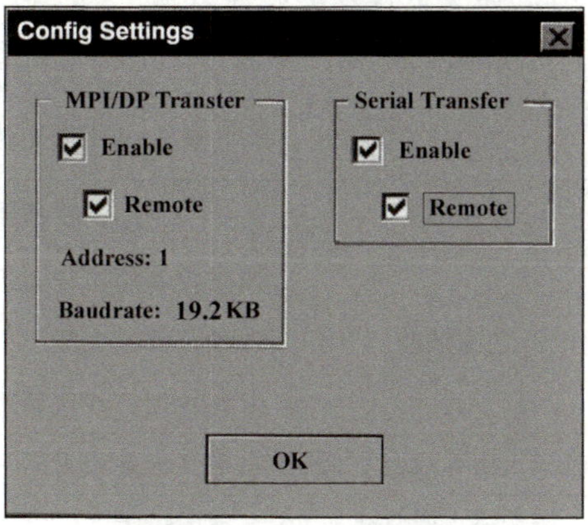

图 2-45 控制设置菜单

四、机器的维护维修

1. 机器的维护

(1) 机器正常工作时间较长时,要定期对与药粉直接接触的零部件进行清理。当要更换生产药型或停用时间较长时,也要进行清理。

(2) 机器下部的传动部件要经常擦净油污,使观察运转情况更清楚。

(3) 要定期打开真空系统的过滤器并清理掉堵塞的污物。

(4) 机器要定期润滑,具体要求如下:

a. 凸轮的滚轮工作表面每周要涂层润滑脂。

b. 机台下各连杆的关节轴承每周要滴油润滑。

c. 各种轴承要定期或根据运转情况加以清洗,并加入润滑脂,密封轴承可滴油润滑。

d. 传动链条要每周检查一次松紧度，并涂润滑脂。

e. 主传动减速器和供料减速器每月要检查一次油量，不足时要及时加油，每半年更换一次润滑油。

f. 转盘和剂量盘下的工位分度箱必须在专业技术人员的指导下进行拆卸和维护。

g. 两只分度箱运转 1 000 h 后要第一次更换润滑油，以后每运转 3 000 h 要更换一次润滑油（分度箱润滑油建议采用 90 号机油，机油黏度级别在 680～460 之间）。

h. 每周应取下回转盘的盖板，对 T 形轴与导杆的运动点铜套、轴承处加润滑油一次，每工作 1 000 h 应拆卸 T 形轴、密封圈，进行全面清洗、更换、加润滑油。

常用润滑油见表 2－7。

表 2－7　常用润滑油

名称	牌号	润滑部位
机械油	N4B　GB443－84	滚动轴承、导向件
2 号锂基润滑脂	ZL2　SY1412－75	凸轮、滚动轴承、链条
0 号锂基润滑脂	ZLD　SY1412－75	减速器

2. 常见故障及其排除方法

全自动硬胶囊充填机常见故障、故障原因及其排除方法见表 2－8。

表 2－8　常见故障、故障原因及其排除方法

常见故障	故障原因	排除方法
送囊缺粒	残次胶囊堵塞送囊板进口	用胶囊通针剔除、将其清理出胶囊罐
	送囊开关过大或过小	调整送囊开关位置
	卡囊片损坏或位置不均匀	更换卡囊片，或将角度修正均匀
胶囊入模孔成品率低	水平叉太前或太后	调整水平叉位置
胶囊分离时飞帽	真空度过大	调节真空阀，适量减低真空度
胶囊未能正常分离	真空度过小	调节真空阀，适量增加真空度
	模孔积垢	清洗上、下模孔
	模孔同轴度不对	用上、下模块芯棒校正同轴度
	胶囊碎片堵塞吸囊头气孔	用小钩针清理胶囊碎片
	模块损坏	更换模块
	真空管路堵塞	疏通真空管路
胶囊锁合出现擦皮、凹口	模孔同轴度不对	用上、下模块芯棒校正同轴度
	锁囊顶针弯曲	调整或更换锁囊顶针
	顶针端面积垢	清洗顶针端面
	顶针高度偏高	调整顶针高度
	模孔损坏或磨损	更换模块

续　表

常见故障	故障原因	排除方法
锁紧不到位	锁囊顶针偏低	调整锁囊顶针高度
	充填过量	请药厂调整工艺
主机故障停机	离合器摩擦片过松	调整摩擦片压力
	剂量盆下平面与铜环上平面摩擦力增大	① 降低生产环境相对湿度 ② 调整剂量盘下平面间隙

3. 吸尘、药粉回收双管路装置操作

如图 2－48 所示为本机采用的吸尘、药粉回收双管路装置(图中箭头所指方向为气流流动方向)。该装置的其中一条管路用于清理模孔,吸收帽体未分离的残次胶囊并负责工作台面的清理工作。而另一条管路专用于充填部分药粉回收,并在气流吸附管路中设置药粉回收器。该回收器由本体、气粉分离挡片和盛粉桶组成,能有效地直接回收充填部分流失物料。

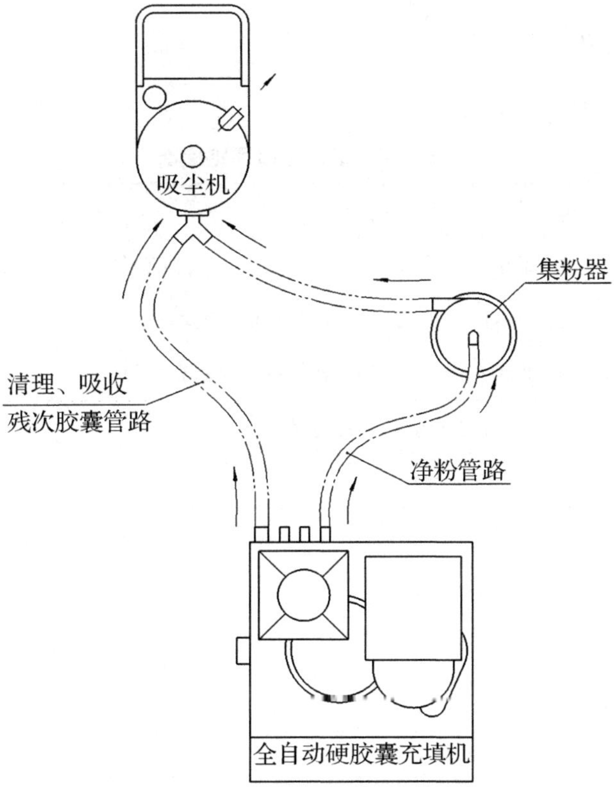

图 2－48　吸尘、药粉回收双管路装置

在充填机充填过程中,充填部分流失物料由于吸尘机的吸力,通过专用药粉回收管路进入药粉回收器,在气粉分离挡片的作用下,80％～90％的药粉沉积在盛粉桶内。而气体则通过本体上腔,经过气管进入吸尘机,并过滤排出。气粉分离挡片之间的间距可根据药粉的颗粒大小来调整,调整方法:松开挡片上的固定螺钉,上下移动各挡片,直到合适,然后拧紧固定螺钉即可。

盛粉桶内装有观察镜，当桶内的药粉高于观察镜时，可打开连接本体的快速固定扣，取下本体，将盛粉桶里的药粉（不必重新灭菌、消毒）直接加入充填机的药料斗内继续充填灌装。

进度考核评定

◇ 进度考核题目

一、简答题

1. 简述 NJP－400D 型全自动硬胶囊充填机的结构。
2. 简述 NJP－400D 型全自动硬胶囊充填机的操作过程。
3. 简述 NJP－400D 型全自动硬胶囊充填机的维护维修过程。

二、实际操作题

按要求操作并维护维修 NJP－400D 型全自动硬胶囊充填机。

◇ 进度考核评定标准

进度考核评定标准见表 2－9。

表 2－9　进度考核评定标准

编号	考核内容	分值	得分
1	认识 NJP－400D 型全自动硬胶囊充填机的结构，熟悉工作过程	30	
2	能正确操作 NJP－400D 型全自动硬胶囊充填机	30	
4	能正确维护维修 NJP－400D 型全自动硬胶囊充填机	30	
5	保证安全和场地整洁	10	
合　计		100	

项目三 包装设备

任务一 铝塑泡罩包装机

学习目标

1. 了解铝塑泡罩包装机的结构。
2. 能够按要求拆装铝塑泡罩包装机。

所需设备和工具

任务所需设备和工具见表 3-1。

表 3-1 所需设备和工具

名称	规格	单位	数量
铝塑泡罩包装机	DPH-220AS 型	台	1
维护维修工具箱		个	1

一、泡罩包装的结构形式和包装材料

泡罩包装是一种将一定数量的药品单独封合包装的包装形式。泡罩包装的底面是可以加热成型的塑料硬片，形成单独的凹穴；上面盖上一层表面涂敷有热熔黏合剂的铝箔，并与塑料硬片封合制成，如图 3-1 所示。

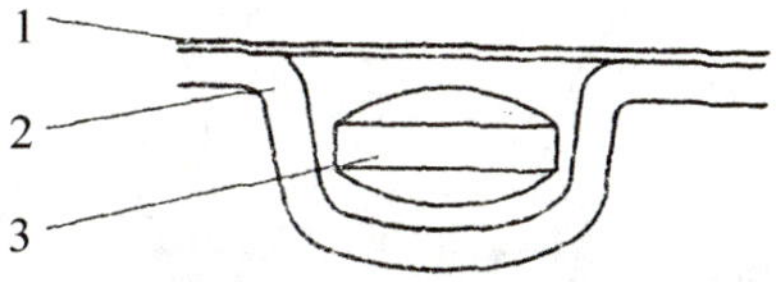

1. 铝箔；2. PVC；3. 药片。

图 3-1 泡罩结构

用力下压泡罩可以使药片穿破铝箔取出，所以泡罩包装又称穿透包装。

板块尺寸的确定和药片排列形式的理想选择是药品泡罩包装的重要环节。板块尺寸的长宽比应该美观大方、便于携带。药片在板块上的排列既要考虑到节省包装材料降低成本，又要与药品每剂施用量相适应，还要考虑到封合后符合密封性能要求。常见的板块尺寸有 78 mm×56.5 mm、35 mm×110 mm、64 mm×100 mm、48 mm×110 mm 等。

每个板块上药品的粒数和排列根据板块的尺寸、药片的尺寸和服用量决定。目前，板块上排列的药片粒数大多为 10 片/板或 12 片/板，个别小尺寸的药片有 20 片/板。在每一泡

窝中有1片、2片和3片，如图3-2所示。

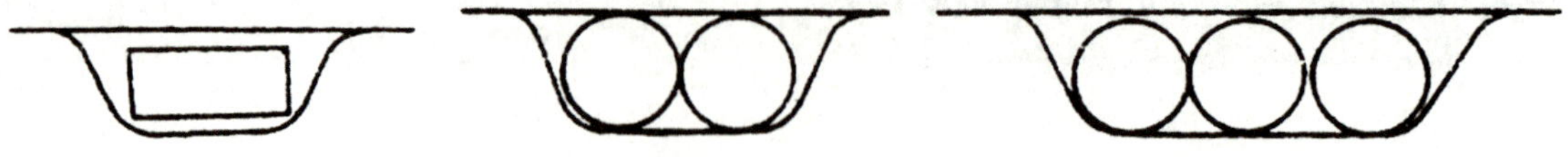

(a) 一片装　　(b) 二片装　　(c) 三片装

图3-2　泡窝中的药片

药品泡罩包装在选择包装材料时应十分慎重，对于可热塑成型的塑料底片除了有技术性能要求之外，还需要满足下列要求：

(1) 对药品有良好的抵抗性。

(2) 防潮性好，对于蒸汽、气体以及香味有较低的渗透性。

(3) 具有良好的生理安全性。

能够适用于泡罩包装的底材有以下几种：无毒聚氯乙烯(PVC)硬片、聚偏二氯乙烯(PVDC)硬片、聚丙烯(PP)硬片等。此外，还可用聚氯乙烯/聚偏二氯乙烯(PVC/PVDC)复合膜等。常用片材厚度为0.25～0.35 mm，片材的厚度根据被包装药品形状和泡窝的深度而定。

由于各类塑料片具有各自不同的特点，又各有不足，近年来研究表明，将不同种类的塑料片复合在一起，能够获得比单独一种片材好得多的总体特性，能有效满足药品包装要求。

泡罩包装的盖材，普遍使用涂覆黏合剂的铝箔(以下简称铝箔)，厚度约为0.02 mm，还会使用的其他材料有铝箔/聚酯、铝箔/聚乙烯等复合材料等。

二、滚筒式泡罩包装机(DPH-220AS)

1. 主要机构及作用

如图3-3所示，滚筒式泡罩包装机本机主要由机身、塑片(硬铝带)输送、加热器、成型器、加料器、滚压热封、步进机构、冲切板块、批号机构、传动机构、电控系统、压缩空气系统、润滑系统、水冷却系统等部分组成。

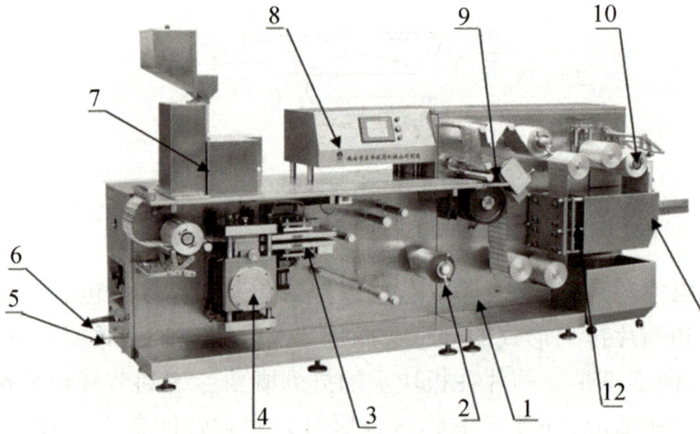

1. 机身；2. 塑片(硬铝带)输送；3. 加热器；4. 成型器；5. 压缩空气系统；6. 水冷却系统；7. 加料器；8. 传动机构、电控系统；9. 滚压热封；10. 步进机构；11. 冲切板块；12. 批号机构。

图3-3　整体图

(1) 机身:机身以机座为主体,用以支承各零部件。机座底面有 17 只可调底脚,用于支承,并用以调整机身的水平与垂直。由于机身较长,为了方便运输和在楼层之内安装,该机身分为前后二体,就位后用螺栓合并为整体,在合并时要注意校准水平。

(2) 塑片(硬铝带)输送:如图 3-4 所示,塑片输送机构主要由蜗轮减速电机、转折辊、浮动辊、光电开关组成。蜗轮轴与塑片卷筒相连输展出塑片,浮动辊受重力的作用下垂,将输展过来的塑片下拉。当浮动辊下降到下止点时,配重铁头上的钢片遮住光电开关。光电开关的光信号通过控制线路转化为电信号,将电机电源切断,使电机停止工作,塑片也就暂停输送。当塑片被下一工序(成型机构)拉取一定的量时,即浮动辊上升到上止点时,光电开关再次启动电动机,输送塑片,起自动控制循环连续输送塑片的作用。

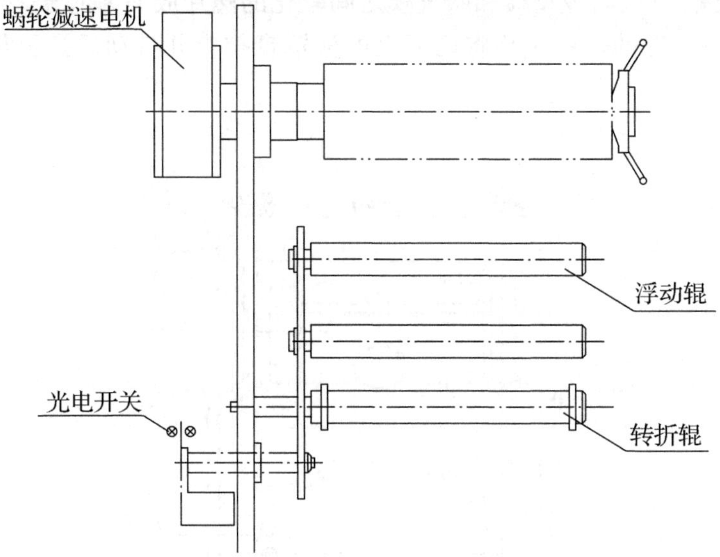

图 3-4　塑片(硬铝带)输送机构

(3) 塑片加热:塑片加热机构如图 3-5 所示。

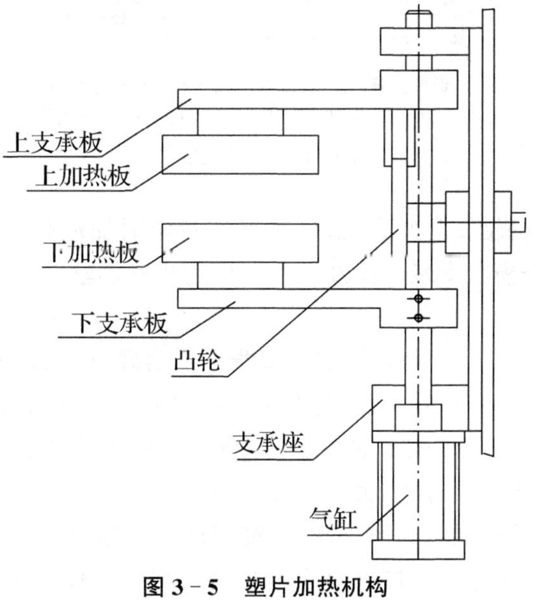

图 3-5　塑片加热机构

塑片加热机构的合理性对设备的成型合格率至关重要。本机构采用内埋电阻式加热板，气动控制其停机与工作时的闭合距离，支承座支承主体，上支承板支承与带动上加热板做上下往复运动，由凸轮提供动力并与整机同步，上加热板、下加热板、下支承板和气缸一起构成一个完整的接触式加热系统。硬铝采用冷拉成型，无须加热。

（4）成型器。

① 铝塑成型器：如图 3－6 所示，铝塑成型器由碟形弹簧、上盖板、成型模、吹气模、器体、下盖板、拉杆、端盖、拉簧等组成。主电机传动带动器体内的成型凸轮旋转运动，成型凸轮在拉簧的作用下紧压在下盖板上的滚轮上，凸轮旋转带动下盖板上下移动，下盖板通过 4 根拉杆带动上盖板上下移动，使成型模和吹气模开启闭合。当两模具闭合时由光电开关控制电磁阀接通吹入压缩空气，将成型模和吹气模之间软化的塑片成型为泡罩。当成型模和吹气模开启时，由下一工序的牵引机构将已成型的泡罩带拉出并带动后排软化的塑片进入模具内。

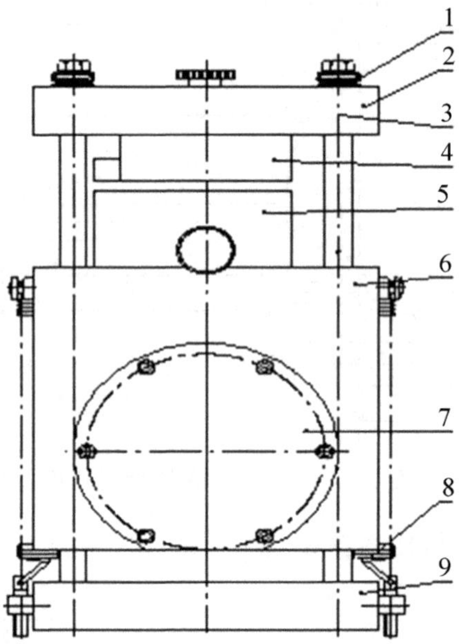

1. 碟形弹簧；2. 上盖板；3. 拉杆；4. 成型模；
5. 吹气模；6. 器体；7. 端盖；8. 拉簧；9. 下盖板。

图 3－6　铝塑成型器

成型器的 4 根拉杆的轴套是复合轴承，务必注意定时加油与清洁，每班加油二次，在机器运行过程中，注意检查模具安装螺丝及 4 根拉杆的拼紧螺丝是否有松动，如有松动要及时用工具复原。

② 硬铝成型器：如图 3－7 所示，硬铝成型器主要由碟形弹簧、上盖板、成型模、压模、顶子、器体、下盖板、拉杆、端盖、拉簧、气缸等组成。主电机传动带动器体内的成型凸轮旋转运动，成型凸轮在拉簧的作用下紧压下盖板上的滚轮，凸轮旋转带动下盖板上下移动，下盖板通过 4 根拉杆带动上盖板上下移动，使成型模与压模开启闭合。当两模具闭合时由光电开关控制电磁阀接通气缸后腔通气，气缸杆向上推动顶子，将成型模与压模之间的硬铝片冷拉成型。当两模具开启时，由下一工序的牵引机构将已成型的硬铝泡罩拉出并带动后排软化

的塑片进入模具内。

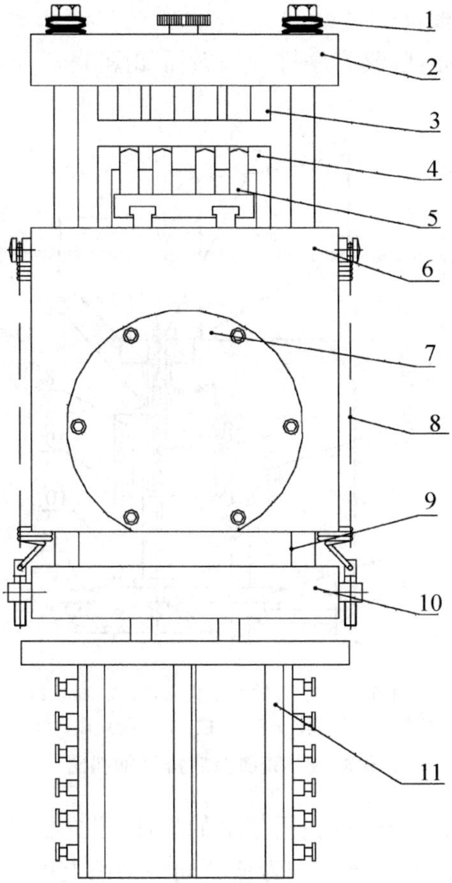

1. 碟形弹簧；2. 上盖板；3. 成型模；4. 压模；5. 顶子；6. 器体；
7. 端盖；8. 拉簧；9. 拉杆；10. 下盖板；11. 气缸。

图 3－7　硬铝成型器

（5）加料器：本机可按用户要求配置多种加料器，随机标准配置为盘式通用加料器。

① 盘式通用加料器：盘式通用加料器如图 3－8 所示。

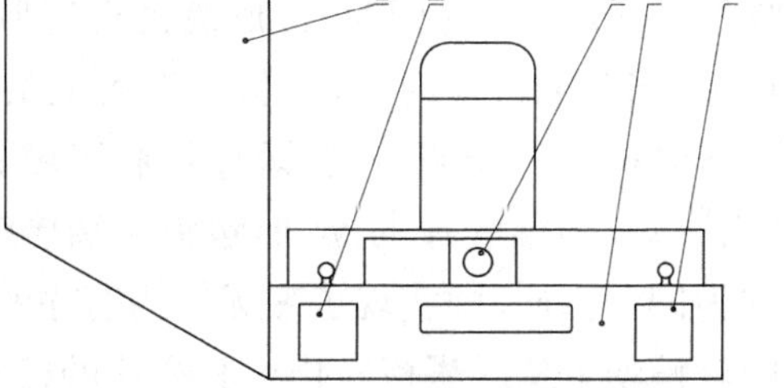

1. 料斗；2. 分流刷；3. 行星盘刷；4. 料槽；5. 滚刷。

图 3－8　盘式通用加料器

该加料器主要由料斗、分流刷、行星盘刷、料槽和滚刷等组成。料斗用于储存药品，开启闸板后药品自行进入料槽，已形成泡罩的塑料薄膜将连续从料槽底部通过，进入料槽的药品便撒落在薄膜上，后由 4 只按行星运转轨迹运动的盘刷将药品刷入仰置的泡罩中，滚刷绕水平轴按顺时针方向转动，在加料器的出口将薄膜上未能进入泡罩的药品刷入泡罩，或刷回加料器，加料器由单独的电机驱动。

② 胶囊有序排列加料器：胶囊有序排列加料器如图 3-9 所示。

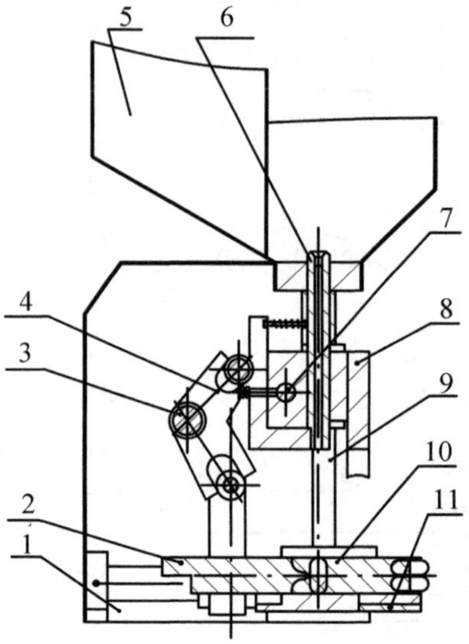

1. 机架；2. 推囊梳；3. 转轴；4. 拨叉体；5. 料斗；6. 送囊梳；
7. 送囊开关；8. 压囊梳；9. 立柱；10. 胶囊梳；11. 分流梳。

图 3-9　胶囊有序排列加料器

本加料器主体包括机架、料斗、设在机架上的立柱、沿立柱往复运行的送囊梳、送囊开关与压囊梳、设在机架底座上的胶囊梳。胶囊梳的同一平面上相对应地增设推囊梳，在机架上设置转轴，在转轴上设置拨叉体，该拨叉体一端与推囊梳连接，另一端与送囊梳连接。推囊梳与胶囊梳相对应的梳端形状呈 W 形触头。拨叉体为 L 形拨叉头。胶囊梳下侧配置分流梳，该分流梳的梳间数量由包装的塑料薄膜上的泡罩数量决定。加料器由主机引出的动力传送给转轴，当转轴按顺时针转动时，L 形拨叉头的一端带动送囊梳下行，在下行过程中，送囊开关打开送囊梳的下端通道，在通道内的胶囊在自身重量作用下输出，与送囊梳同步下行的压囊梳将上一程序中由推囊梳推送到胶囊梳输出端的胶囊压入分流梳，并随之输送到 PVC 薄膜传送带上已成型的泡罩内。与此同时，L 形拨叉头的另一端带动推囊梳由右往左移动，处于空行程阶段。同理，当转轴按逆时针转动，L 形拨叉头的一端带动送囊梳与压囊梳上行，送囊开关复位堵住送囊梳的下端通道，有效地控制了胶囊的输出，L 形拨叉头的另一端则带动推囊梳由左向右移动，当推囊梳的 W 形触头尖端接触到胶囊帽体分界线时，胶囊将翻转，使胶囊帽的朝向为同一方向，即实现了变无序为有序的状态，其原理阐述如下。

如图 3-10 所示，当胶囊帽朝下从送囊梳内排至胶囊梳的梳孔上后，随着推囊梳由左向右前行，其右端的 W 形触头尖端触及胶囊帽体分界线，迫使胶囊以分界线接触点为中心旋转，由于上端胶囊体直径略小于胶囊帽的直径，故在两端摩擦力差异的作用下，胶囊势必按图 3-10 中 a→b→c→d 所示顺时针旋转，胶囊则沿着推囊梳右行逐渐进入 W 形触头的下部空腔，最后呈水平状态推至压囊梳正下方的胶囊梳的输出端后，由压囊梳在下一循环过程中压囊，输送到 PVC 薄膜传送带上已成型的泡罩内，即可完成加料动作。

如图 3－11 所示，当胶囊帽朝上从送囊梳内排至胶囊梳的梳孔上后，随着推囊梳由左向右前行，其右端的 W 形触头的尖端触及胶囊帽体分界线时，迫使胶囊以分界线接触点为中心旋转，由于下端胶囊体的直径略小于胶囊帽的直径，同理在两端摩擦力差异的作用下，胶囊必然按图 3－11 中 a→b→c→d 所示逆时针旋转，随着推囊梳继续右移，胶囊必将完全进入推囊梳的上部空腔，最后呈水平状态输送到压囊梳正下方的胶囊梳的输出端，等待下一循环的压囊动作。

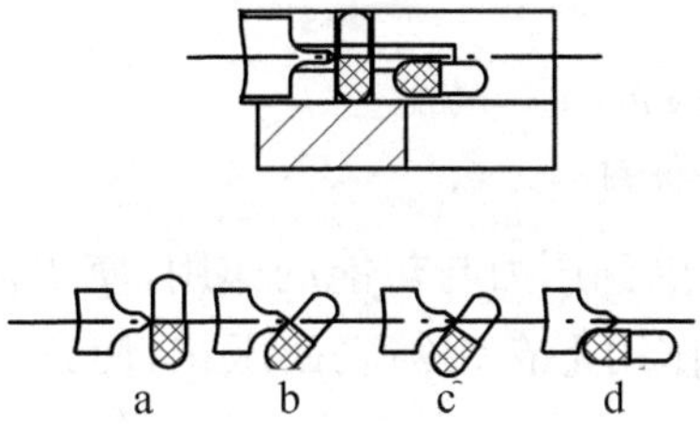

图 3－10 胶囊帽朝下加料

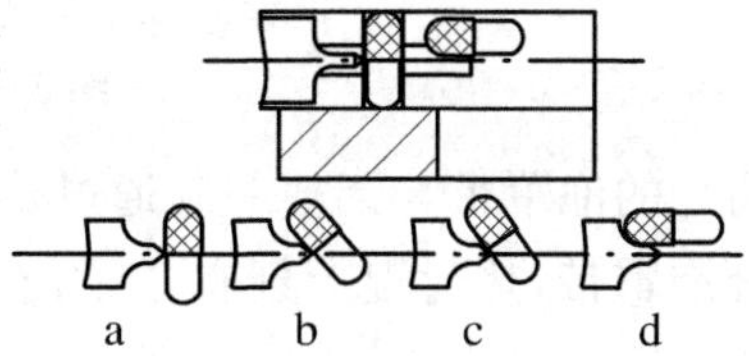

图 3－11 胶囊帽朝上加料

综上所述，在两种情况下，无论胶囊帽朝上或朝下，由于推囊梳的推囊动作，最终都能在胶囊梳的输出端得到胶囊体在前、胶囊帽在后的水平排列的胶囊有序输出，并由压囊梳压送到分流梳后呈水平状态输送到 PVC 薄膜传送带上相应的泡罩内，起到有序排列加料的功效。

③ 圆盘振动加料器：圆盘振动加料器如图 3－12 所示。

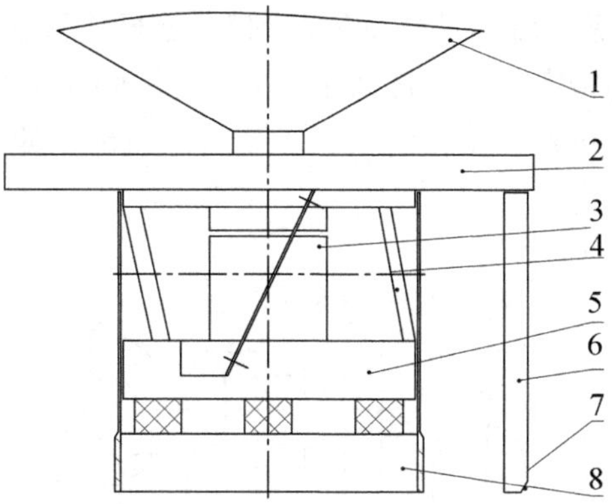

1. 料斗；2. 料盘；3. 电磁铁；4. 弹簧板；5. 底座；6. 料管；7. 喂料嘴；8. 吸振座。

图 3－12 圆盘振动加料器

圆盘振动加料器其基本结构由料斗、料盘、电磁铁、弹簧板、底座、料管、喂料嘴、吸振座及控制器组成。料盘在电磁铁的电磁吸力和弹簧板的弹力作用下使从料斗流入料盘的药品做圆周运动向前滚动，当到达料管的位置时掉入料管内，通过喂料嘴落到泡罩内，完成加料工作。该加料器最适用于素片(浅弧片与平片)。

(6) 滚压热封。

如图 3－13 所示，滚压热封主要由滚模、热封辊、摇摆支承架、气缸等组成。

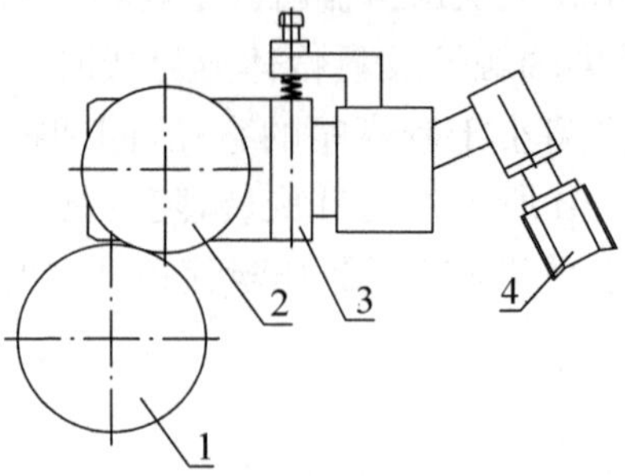

1. 滚模；2. 热封辊；3. 摇摆支承架；4. 气缸。

图 3-13　滚压热封

装有药片的泡罩带与铝箔一起通过热封辊时，受到压力与热能的作用，使铝箔上的热溶胶溶化黏合泡罩带，热封辊上刻有花纹，在压力的作用下在铝箔表面压花，使其热封更牢固并起到美化作用。

滚模由滚模前面的风机进行风冷，以保证及时冷却泡罩带，保护泡罩不变形。热封辊内装有 6 支不锈钢加热管，用以加热。6 支不锈钢加热管受自动温控系统控制，使热封辊保持恒温。摇摆支承架内通有冷却液，避免轴承过热而胀死，并使支承架冷却，防止操作人员接触支承架时被烫伤。气缸用以升降热封辊，热封辊对泡罩带与铝箔复合膜的压力由减压阀调节控制。

(7) 批号机构。

批号机构安装在冲模器体上，由固定板、钢字、移动板、连杆、冲模、机体等组成(图 3-14)。偏心轴旋转(偏心轴与冲模轴同步)带动连杆使移动板做横向往复运动，当移动板压向左边时，固定板上的钢字的字迹压入泡罩带上，完成硬打印工作。固定板内装有加热管，可加热进行钢字打印。机器在工作时千万不要将手或硬物伸入固定板与移动板之间。

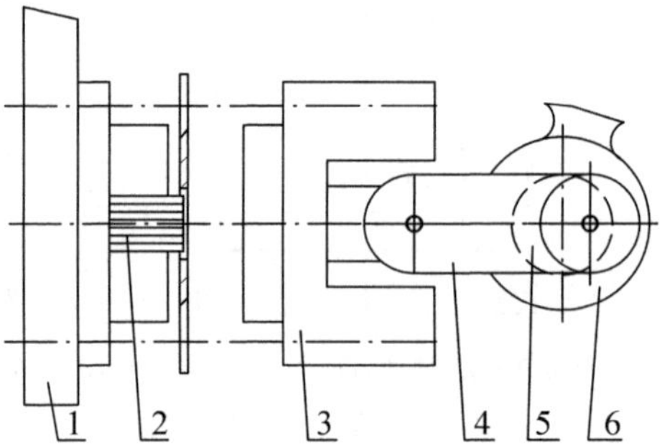

1. 固定板；2. 钢字；3. 移动板；4. 连杆；5. 冲模；6. 机体。

图 3-14　批号机构

(8) 切线机构。

切线机构又称压痕机构(图 3-15)，主要由固定板、可调承压板、刀片、移动板、连杆、偏心轴、机体等组成。偏心轴旋转(偏心轴与冲模轴同步)带动连杆使移动板做横向往复移动，当移动板压向左边时，安装在移动板上的刀片切入塑料硬片，完成切线工作，切入塑料硬片的深度由可调承压板调节，切入的深度只可折断而不切断，检验切入深度的方法为取 2～5 板冲切成品，在任一断裂线处作支点，上下对折 3～5 次后能够撕拉成两片。

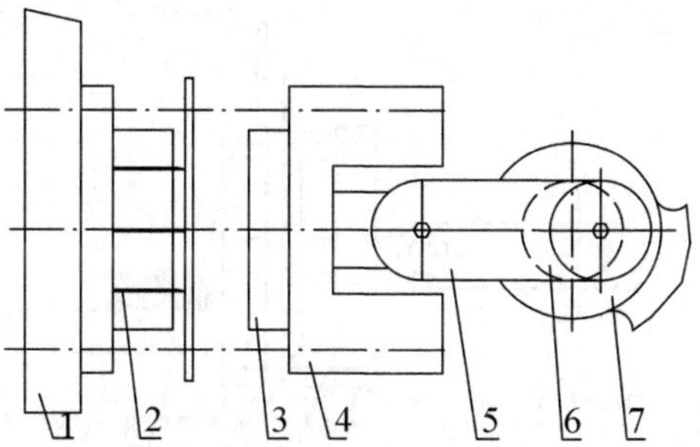

1. 固定板；2. 刀片；3. 可调承压板；4. 移动板；5. 连杆；6. 偏心轴；7. 机体。

图 3-15 切线机构

(9) 步进机构(输送铝塑、铝铝泡罩机构)。

① 成型泡罩输送：成型泡罩输送(图 3-16)是将经成型器吹泡或冷冲成型的泡罩拉出一次成型长度，每次拉出的长度必须是准确一致的。步进模表面刻有网纹，泡罩在同步带的作用下贴合于步进模的圆柱上，同步带轮安装在支架的偏心架上，调整其偏心量可改变同步带的松紧度。步进模受机内的伺服电机传动机构带动旋转一定角度时，即带动泡罩顺时针旋转，完成从右边拉入一组标准长度的刚成型的泡罩，从左边送出一组与拉入长度相同的泡罩。

② 输送泡罩冲切：输送泡罩冲切为冲切工序的间歇进给机构(图 3-17)。该机构安装在冲模上方，步进模上开有与泡罩相吻合的凹坑，泡罩受两压辊的作用贴合在步进模的圆辊上，当受机内伺服电机的传动机构间歇带动时，步进模旋转一定角度带动泡罩进入冲模，让冲模冲切板块。该机构的动停时间必须与冲模的运动相协调。步进模由 2 只 M8 内六角螺钉固定在步进轴的法兰上，法兰可做轴向移动调节，使之与冲模的纵向中心线相一致。

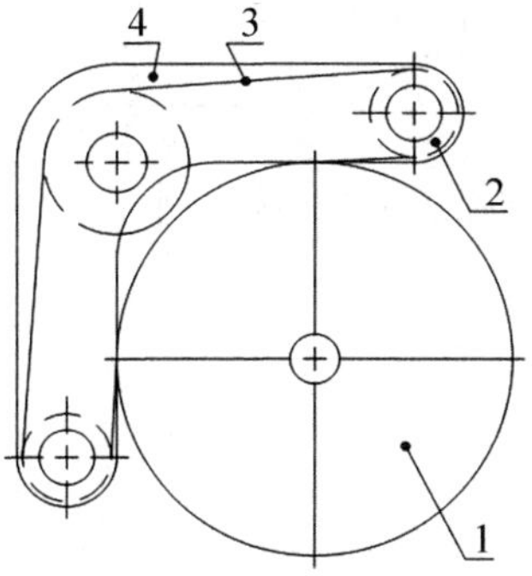

1. 步进模；2. 同步带；3. 同步带轮；4. 支架。

图 3-16 成型泡罩输送

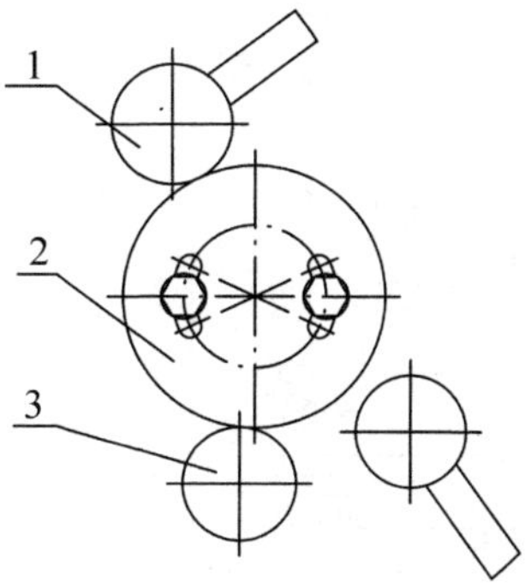

1、3. 压辊；2. 步进模。

图 3-17 输送泡罩冲切

(10) 冲切板块机构。

冲切板块机构由偏心轴、连杆、动模、冲头、刀片、定模、挡板、出料嘴、机体等组成(图 3-18)。当步进模旋转一个角度将一定长度的泡罩送入冲切模后，动模开始向右推动冲头，将泡罩冲切并推入定模的模腔内，并随之有序地推到出料嘴上。冲切模下方装有切废料的刀片，与冲切模同步，当冲切模冲切板块时，刀片切断废边料。

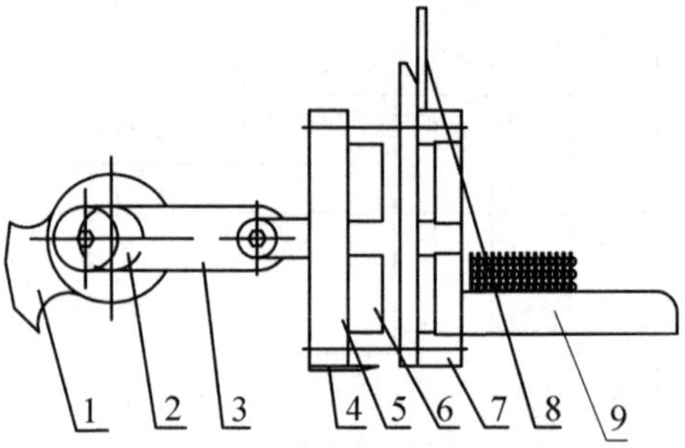

1. 机体；2. 偏心轴；3. 连杆；4. 刀片；5. 动模；6. 冲头；7. 定模；8. 挡板；9. 出料嘴。

图 3－18　冲切板块机构

(11) 传动机构。

传动机构主要由一台 1.5 kW、6 极的电机带动三只蜗轮减速机和一只齿轮变速机以及向各部分分配传输的链轮链条组成(图 3－19)，各往复运动机构由偏心轴或凸轮来完成。间歇步进传动由两台伺服电机完成。对版传动由低速电机与行星齿轮箱完成。

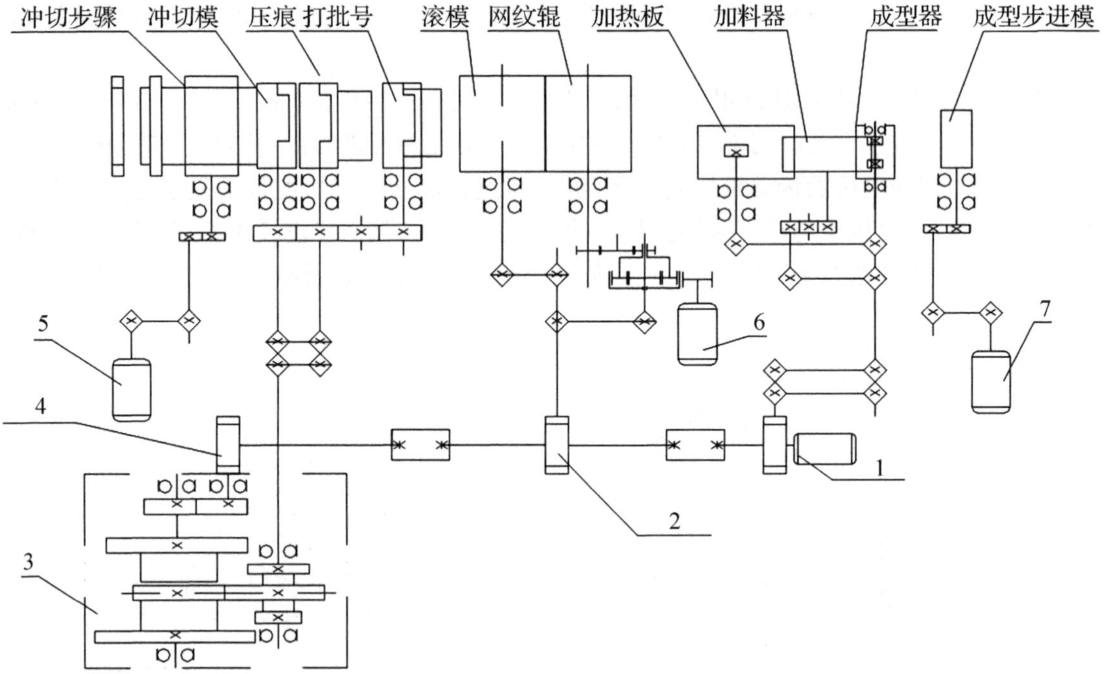

1. 1 号蜗轮减速机；2. 2 号蜗轮减速机；3. 齿轮变速机；4. 3 号蜗轮减速机；5、7. 伺服电机；6. 低速电机。

图 3－19　传动机构

① 成型器传动：由 1 号蜗轮减速机的低速输出轴上的一只双排链轮，通过链条带动成型器主轴上的双排链轮，使成型器主轴(凸轮轴)旋转，主轴上装有一对曲线凸轮的外曲线面上，随着主轴的旋转滚轮贴凸轮从低位走向高位，又从高位走向低位，完成成型所需要的往复运动。

在成型器主轴上装着两只向外传输链轮，其中一只传到加热器做分合动作。加热器座上装有一凸轮，受链条带动该凸轮顶动上加热板，使加热板做上下往复运动，直到加热板分合与成型器模具的分合同步。同时另一只链轮传到面台上作为加料器的动力，若配置通用下料器，无须此传动；如配置有序排列装置加料器，则需此传动。

② 成型/冲切步进传动：成型/冲切步进采用伺服电机控制，伺服电机采用同步带传动给成型/冲切步进减速器的输入轴，输入轴通过齿轮减速传动给成型/冲切步进辊。

③ 滚模传动：2 号蜗轮减速机与 1 号蜗轮减速机联动，2 号蜗轮减速机低速输出轴上装有一只链轮，通过链条带动滚模轴上的链轮，使滚模旋转。

④ 冲压传动：3 号蜗轮减速机与 1 号、2 号蜗轮减速机联动同步，3 号蜗轮减速机的输出轴直连到变速机的输入轴上，变速机有三挡速度输出，它与成型器的运动比例是 1∶1、1∶2、1∶3，即如果将变速手柄放在 3 挡上(1∶3)，这样成型器每动作一次，冲模要冲三次。变速机的输出轴由一双排链带动冲模，冲模座里有冲模曲轴、压痕曲轴、批号曲轴，由齿轮互连，同步运作。

⑤ 对版传动：2 号蜗轮减速机低速输出轴装有一链轮，通过链条与行星减速机太阳轮轴相连，低速电机输出轴通过齿轮与行星减速机外齿圈相连，行星减速机行星架输出轴通过超越离合器、齿轮与网纹辊相连。

综上所述，该设备的传动比较简单，它是由一台电机带动一根联动轴，联动轴上有三台减速机，由三台减速机分配到三个工位，即成型、热封、冲切。另外成型/冲切步进采用伺服电机传动。对版传动采用低速电机与减速电机联合传动。

2. 电气控制系统

该铝塑泡罩包装机的电源输入为三相五线制，380 V/50 Hz。在接入本机 QF 断路器之前需要安装一个总闸刀(自动空气开关)。另加一条截面积大于 6 mm^2 的黄铜线接 PE 点，接地保护。维修机器时，务必将断路器拨向分状态，并将机器外的总闸刀拨向断开状态。

(1) 电气面板说明：电气面板如图 3－20 所示。

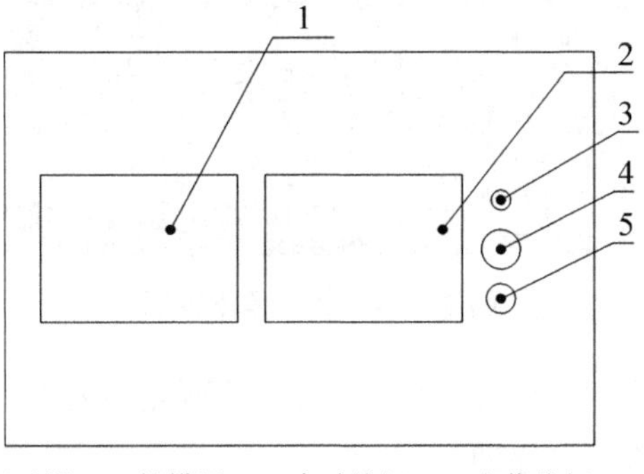

1. 剔废显示器；2. 触摸屏；3. 启动按钮；4. 急停按钮；5. 蜂鸣器。

图 3－20　电气面板

机器配置有视觉检测剔废机构时才会有剔废显示器，该显示器与视觉检测剔废控制器相连。触摸屏与 PLC 相连，操作人员可以通过触按触摸屏上的文字键进行设置并操作机器。开机前必须按下启动按钮方可通电操作。如遇到紧急情况，可按急停按钮使机器断电。当机器出现故障或其他情况时，蜂鸣器报警。

(2) 触摸屏操作说明。

将机器左侧断路器 QF 拨向合位置，按启动按钮通电，触摸屏通电显示。

① 通电触摸屏的显示画面为主屏(图 3－21)。

② 用手指触按触摸屏上“欢迎使用”键，进入目录界面(图 3－22)。

在目录界面，触按“返回”键，返回上一界面；触按“自动操作”键，进入自动操作界面；触按“调试操作”键，进入调试操作界面；触按“温度设置”键，进入温度设置界面；触按“温度校正”键，进入温度校正界面；触按“系统设置”键，进入系统设置界面；触按“操作说明”键，进入操作说明界面；触按“剔废操作”键，进入剔废操作界面；触按“对版操作”键，进入对版操作界面。

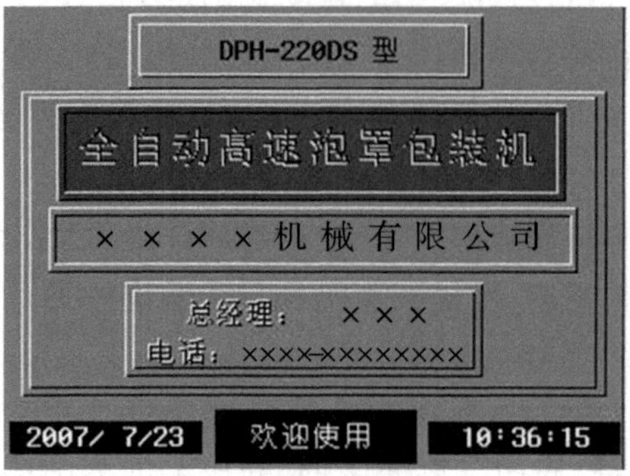

图 3－21 主屏

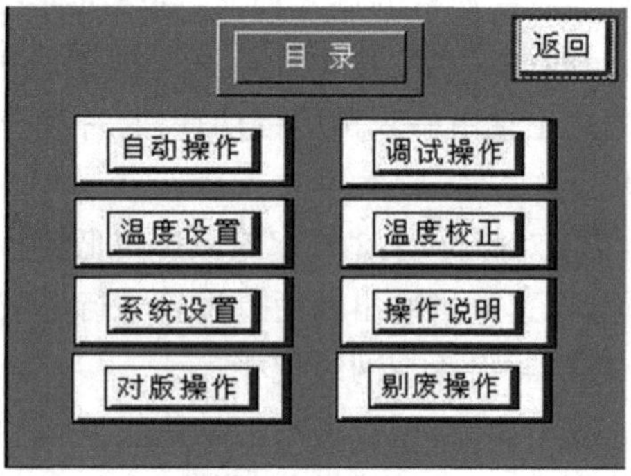

图 3－22 目录界面

③ 用手指触按目录界面上的“自动操作”键，进入自动操作界面(图 3－23)。

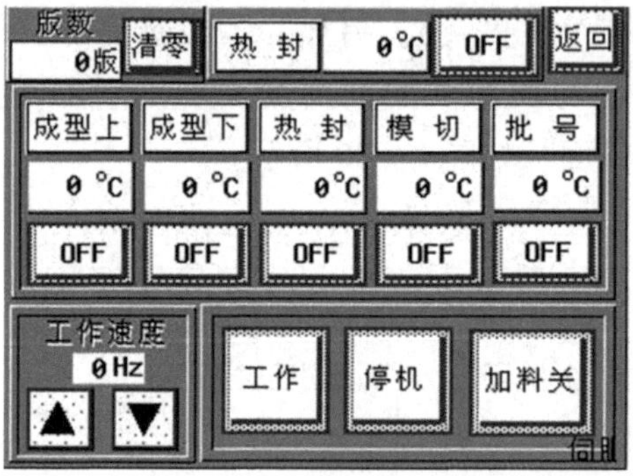

图 3－23 自动操作界面

a. 触按“清零”键版数清除为零。此键一般在每班重新开机时使用。

b. 触按“返回”键，返回上一界面。

c. 触按各加热部位文字下的“OFF”键，将切换到“ON”键，并对相应的部位进行加热，每路温度控制相同。如触按“成型上”下面的“OFF”键，显示屏显示“ON”，表明已对成型上加热板通电加热，此时“成型上”下面的“℃”显示的值会持续上升(一直到预定值)，如再次按“ON”键，便会切换到“OFF”状态，表明对成型上加热板断电不加热，此时“成型上”下面的“℃”显示的值会开始下降。

d. 触按“工作速度”下的“”键，机器运行速度加快，相应的“工作速度”下面的“Hz”显示的值会上升(最高 50 Hz)，触按“工作速度”下的“”键，机器速度减慢，相应的“工作速

度”下面的“Hz”显示的值会下降(最低 30 Hz)。

e. 触按“工作”键,机器主电机延时一段时间后开始运行,延时是因为网纹辊必须先压下以及成型下加热板先上升后才能保证板块吹泡和热封的完整性。延时时间数值在“系统设置”中设定。

f. 触按“停机”键,机器会根据调试操作界面上所设定的上位机与下位机进行上位停机和下位停机,所以按“停机”键后机器会继续运行至指定的位置停机。

上位停机是指机器在停机后,成型模具处于闭合状态,它是为了保障机器停机后重新开机时泡罩的连续性(正常工作)。下位停机是指机器在停机后,成型模具处于开启状态,它是为了确保机器在调试时 PVC 带能从模具中穿过(调试开机)。

g. “加料关”键为切换按键,触按“加料关”键,显示“加料开”,此时加料器电机运行,再次按“加料开”键显示“加料关”,加料电机停止运行。

④ 在目录界面触按“调试操作”键,进入调试操作界面(图 3－24)。

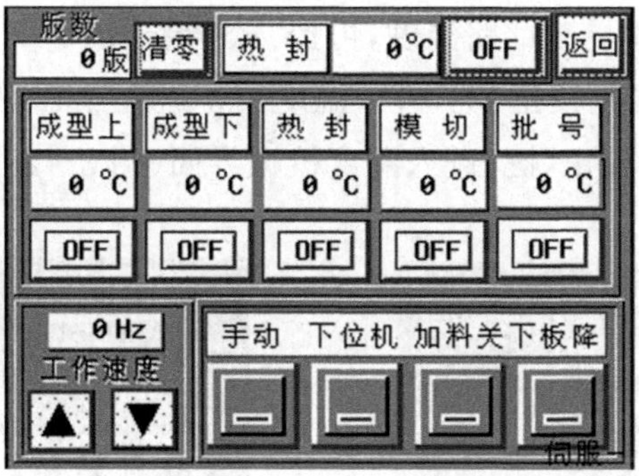

图 3－24　调试操作界面

a. 此界面的“清零”、“返回”、加热部位文字下的“OFF”键、运行速度“▲”和“▼”的功能与自动操作界面的对应键功能一致。

b. 触按“手动”下的按钮,机器开始运行,但此时的网纹辊不产生动作(不下压),保持升起状态,再次按此键,机器停止运行。

c. 触按“下位机”下的按钮,文字变成“上位机”,再次触按,又重新变为“下位机”。设置成上位机后,不管是自动操作,还是调试操作,机器停机后,成型模具都处于闭合状态;设置成下位机后,不管是自动操作,还是调试操作,机器停止后,成型模具都处于开启状态。

d. 触按“加料关”下的按钮,文字变成“加料开”,此时加料电机启动运行,再次触按此键,又重新回到“加料关”,此时加料电机停机。

e. 触按“下板降”下的按钮,文字变成“下板升”,此时成型下加热板上升,再次触按此键,又重新回到“下板降”,此时成型下加热板下降。

⑤ 在目录界面触按“温度设置”键,进入温度设置界面(图 3－25)。实际工作中随着环境变化、材质不一及各方面因素,温度都要进行适当调整。

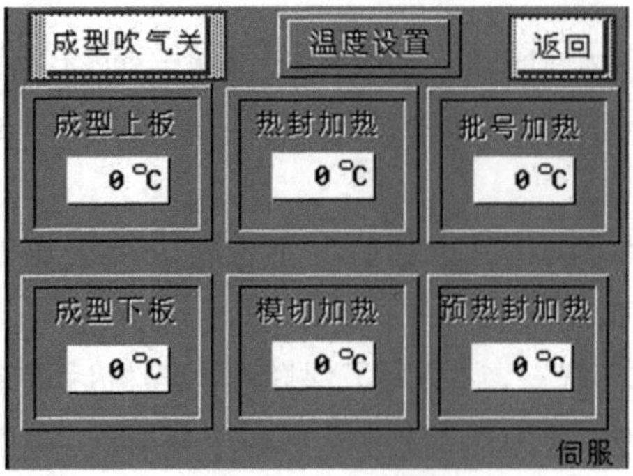

图 3－25　温度设置界面

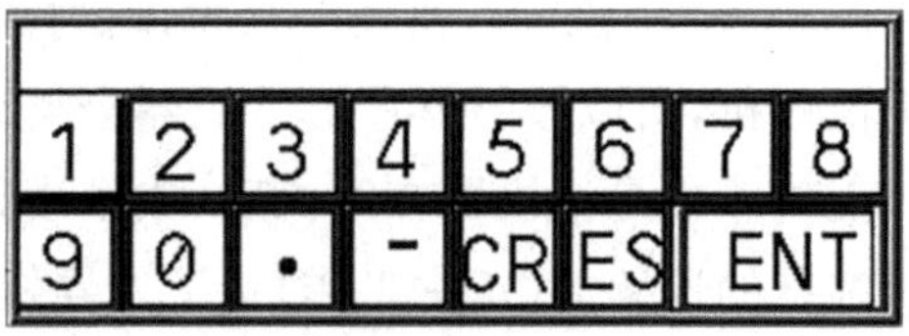

图 3－26　键盘

操作示例：将成型上板的加热温度设置成“120 ℃”。触按“成型上板”下面的“0 ℃”键，显示屏出现键盘（图 3－26）。输入 1、2、0 后，触按“ENT”键。此时“成型上板”下面数值显示“120 ℃”。其余温度设置方法与此相同。如在输入时按错数字，可按“CR”键进行清零，重新输入。如在输入过程中不想更改此路温度，可按“ES”键退出。

⑥ 在目录界面触按“温度校正”键，进入温度校正进入界面（图 3－27）触按数字方框键，输入密码后触按“温度进入校正”键，进入温度校正界面（图 3－28）。

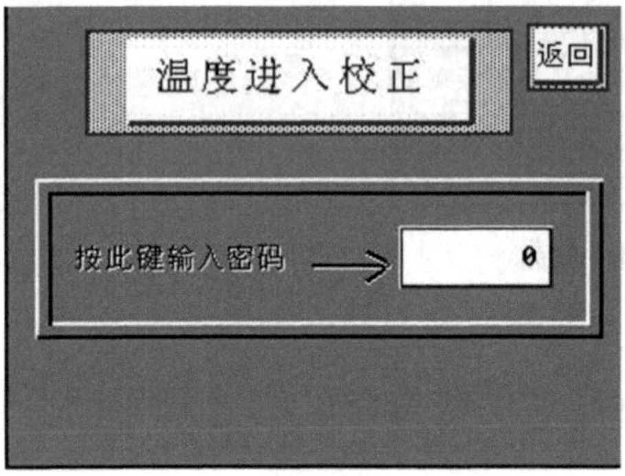

图 3－27　温度校正进入界面

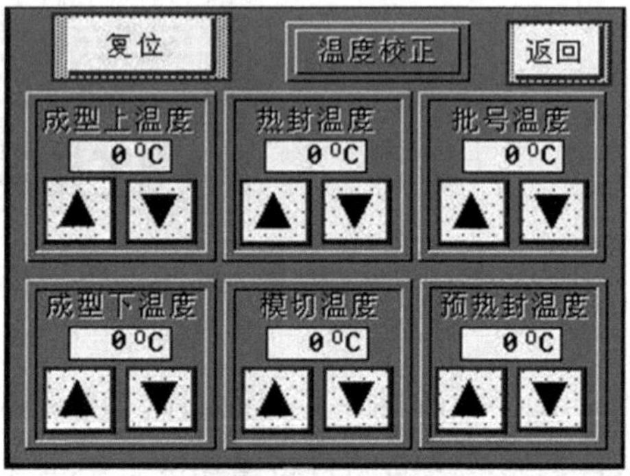

图 3－28　温度校正界面

当实测温度与显示屏显示温度不一致时，可进行温度校正，须专业人员使用专用测温工具才能进行（设备在出厂时已经校正温度，不要随意更改，只有专业人员输入密码后才能进行更改）。

a. 触按“返回”键，返回上一界面。

b. 将加热部位实测温度与显示屏显示温度进行对比，触按“▲”或“▼”键进行升温或降温。随之对应的“℃”值会上升或下降，直到显示屏温度值与实测温度相同为止。

c. 如认为实测温度不确定，可触按“复位”键，重新让本机的测温系统进行自动测温。

⑦ 在目录界面触按“系统设置”键，进入系统设置进入界面（图 3－29）。触按数字方框键，输入密码后触按“系统设置进入”键，进入系统设置界面（图 3－30，图 3－31）。

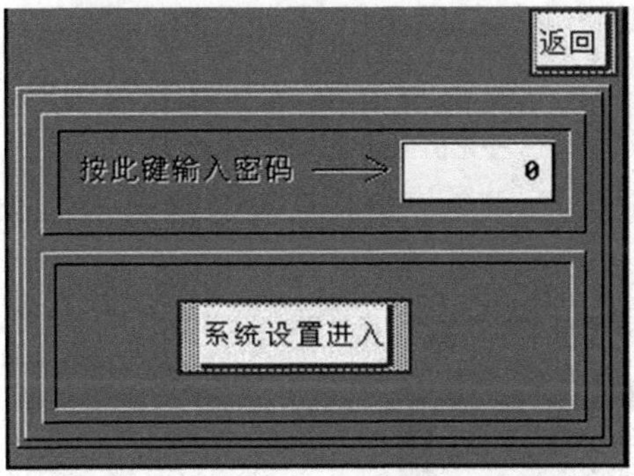

图 3－29　系统设置进入界面

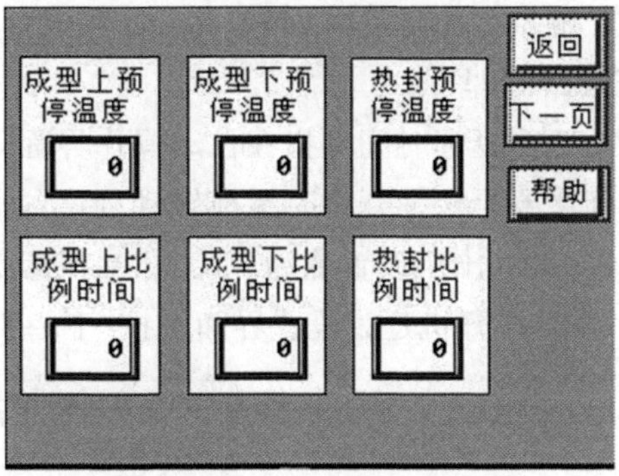

图 3－30　系统设置界面(1)

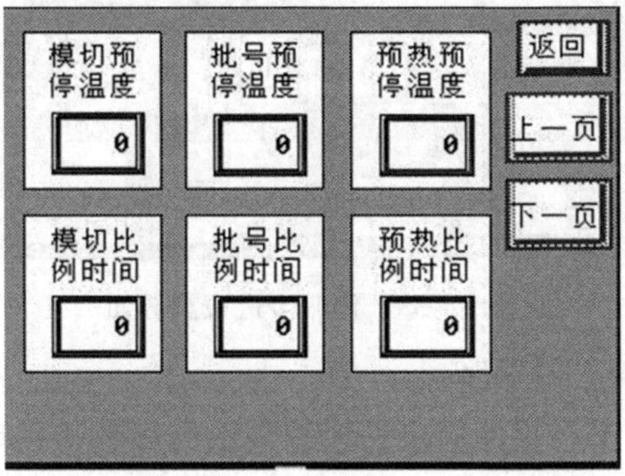

图 3－31　系统设置界面(2)

设备在出厂前,已经设置过系统,不能随意更改,只有专业人员输入密码后才能进行设置。更换版型不一样的模具时,系统设置内的参数必须更改,否则运行不同步。

a. 触按“返回”键,返回上一界面。

b. 机器运行时,加热部位的加热元件一直加热,直到达到设定值才停止,但由于热惯性,到达设定温度时,温度还会继续上升。为防止加热超温,特设置预停温度和预热比例时间两个参数。操作示例:成型上板温度现为 120 ℃,设置成型上预停温度为 10 ℃,成型上比例时间为 12 s。当完成示例操作后,成型上板一直加热至 120 ℃－10 ℃＝110 ℃时,开始进行间歇式加热,断开不加热 12 s,通电加热 1 s,反复进行,直至温度达到 120 ℃后使之恒温。

c. 在系统设置页面触按“下一页”键进入开机延时设置界面(图 3－32)。

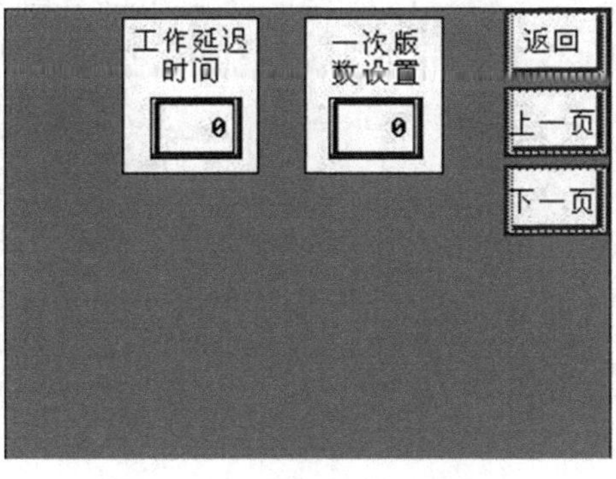

图 3－32　开机延时设置界面

触按工作延迟时间和一次版数设置下面的数字方框，在弹出的键盘上输入数字后按“ENT”键即可。

工作延迟时间是指在自动操作界面，触按“工作”键后，主机延迟启动运行时间。设置此时间主要是保障开机时滚模转动前网纹辊能压在滚模上，避免停机在启动时泡罩带热合的不连续性(出厂设置值为 10 s)。一次版数是指一次冲切的板块数。

⑧ 在开机延时设置界面触按“下一页”键进入伺服步进设置界面(图 3－33)。

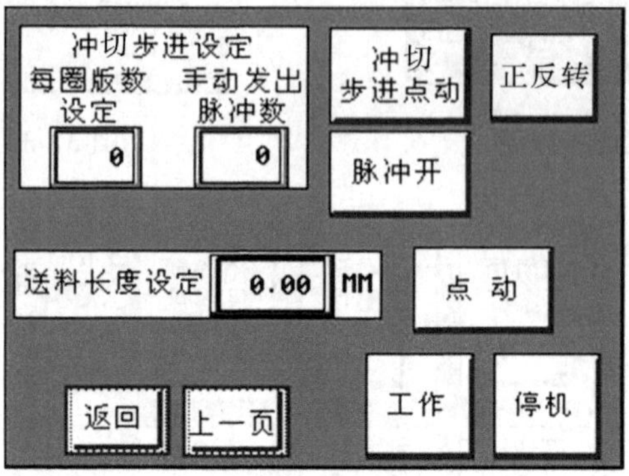

图 3－33 伺服步进设置界面

a. 触按“返回”键，返回上一界面。

b. “每圈版数设定”用于设置冲切步进模圆周上的版数；“手动发出脉冲数”用于设置调试时步进伺服电机手动运行的脉冲数。

c. “冲切步进点动”用来微调冲切步进模的位置，触按一次，步进伺服电机运行“手动发出脉冲数”中设定值的脉冲数。

d. “脉冲开”键用来控制冲切步进点动是否能正常运行。

e. “正反转”键用来控制冲切步进模点动时的旋转方向，正转为顺时针方向，反转为逆时针方向。

f. “送料长度设定”用于设置成型步进模每次拉出的泡罩带的长度，“点动”键用来手动启动成型伺服电机运行一次将成型泡罩拉出。

g. “工作”和“停机”键的功能与自动操作界面的对应键功能一致。

⑨ 在目录界面触按“对版操作”键，进入对版操作界面(图 3－34)。“滞后补偿”是指对

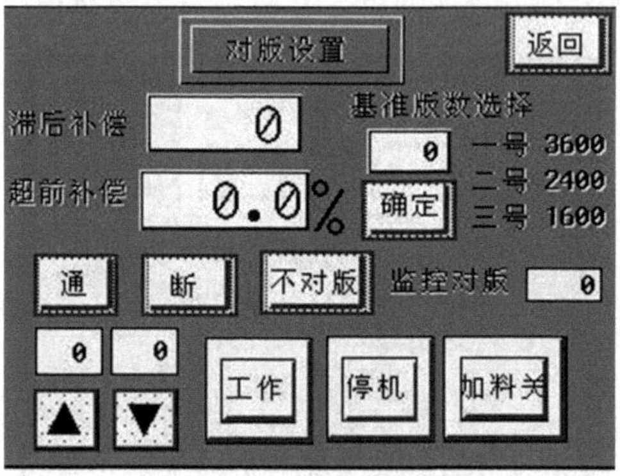

图 3－34 对版操作界面

版电机对版补偿运行时增加的频率数值；“超前补偿”是指对版电机不对版补偿运行时的速度，其百分比值对应主电机的运行速度。不对版运行时，须保障网纹辊的线速度略低于滚模的线速度。“基准版数”是指一次成型时泡罩板的列数，其对应关系见表 3-2。

表 3-2　基准版数对应表

成型泡罩板列数	1	2	3
基准版数	3 600	2 400	1 600

触按“通”或“断”键，可确定对版与否。

监控对版是指对版色标开关两次信号之间旋转编码器所检测到的脉冲数。其值若小于基准版数，则显示实际值，此时无对版补偿；其值若大于基准版数，则显示实际值与基准版数的差数，此时对版电机加速进行对版补偿。

此界面的“返回”键、“工作”键、“停机”键、“加料关”键、运行速度“▲”键和“▼”键的功能与自动操作界面的对应键功能一致。

⑩ 在目录界面触按“剔废操作”键，进入剔废操作界面(图 3-35)。

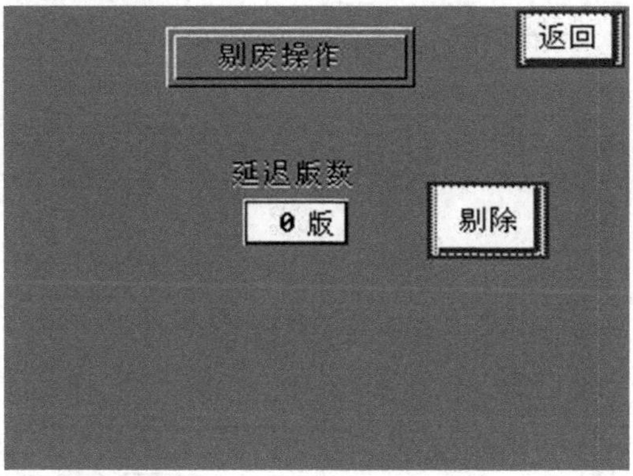

图 3-35　剔废操作界面

a. “延迟版数”是指视觉检测相机检测的板块到冲切时泡罩带上的板块数。

b. “剔除”键为切换键，无须剔废时，触按一次变为“不剔除”；须剔废时，再触按一次变为“剔除”。

⑪ 当机器出现下列故障时，显示屏的下方将出现滚动的故障报警字幕。

a. 当气压过低时，显示屏将显示气压不足并停机，此时应检查气源是否正常供气及气路是否有漏气现象。如正常请检查气压传感器是否损坏。

b. 当加温部位某一路或某几路温度失控超过极限温度时，机器将切断所有加热元件的电源并停机，显示屏将显示超温部位名称及温度。此时请检查温度设置是否有错，如正确请检查热电偶是否完好、可控硅是否被击穿。

c. PVC/硬铝带用完后，机器将停机，显示屏上将显示 PVC/硬铝带已用完，此时需要换新的 PVC/硬铝带。

d. 铝箔用完后，机器将停机，显示屏上将显示铝箔已用完，此时需要换新的铝箔。

e. 当填充物缺料时，面板上的蜂鸣器将响起，显示屏上将显示已缺料，但机器不停机，此时应尽快加料。

f. 当成型或冲切伺服电机出现故障时。机器将停机，显示屏上将显示哪一只伺服电机故障。此时请参考伺服电机使用说明书。

3. 气控系统

气控原理如图 3-36 所示。

(1) PVC 塑片加热器顶升气缸控制。

加热器顶升气缸 G1 由二位五通电磁阀 Y2 控制。开机前，顶升气缸下降，上下加热板之间间距加大，方便 PVC 塑片穿过，开机后电磁阀 Y2 通电，顶升气缸向上推动下加热板上升，保障 PVC 塑片的加热(硬铝冷成型无须加热，故顶升气缸不上升)。

(2) 吹泡成型(铝塑)。

当成型器上下模(成型模与吹气模)闭合时，在光电开关的控制下，电磁阀 Y1 通电将洁净的空气吹入成型模具，使已被加热软化的塑片形成泡罩。电磁阀 Y1 的通断与成型器的开合同步。吹泡压力压强一般为 0.3～0.6 MPa。

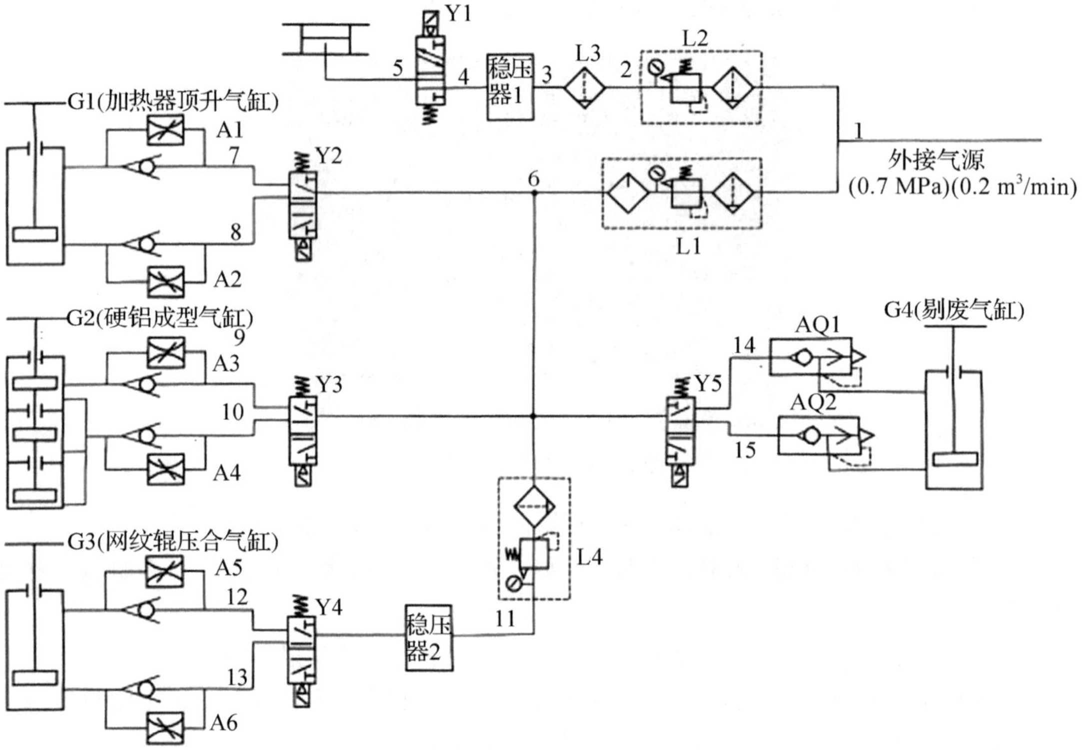

图 3-36 气控原理图

(3) 冷拉成型(硬铝)。

与吹泡成型类似，当成型器上下模(成型模与压模)闭合时，在光电开关的控制下，电磁阀 Y3 通电使硬铝成型气缸 G2 向上顶，将压在上下模之间的硬铝带冷拉成型形成泡罩。电磁阀 Y3 的通断与成型器的开合同步(本设备无此功能)。

(4) 网纹辊升降控制。

网纹辊的升降由网纹辊压合气缸 G3 控制，网纹辊压合气缸 G3 由二位五通电磁阀 Y4 控制。电磁阀 Y4 通电时，网纹辊压合在滚模上，其压力大小可由贮气罐上的调压阀调整。

(5) 剔废离合器控制。

剔废离合器的开合由剔废气缸 G4 控制，剔废气缸 G4 由二位五通电磁阀 Y5 控制，电磁阀 Y5 由 PLC 控制。当电磁阀 Y5 通电时，冲切轴不运行，冲模不冲切板块。

(6) 气控原理图及调节方法。

L1 是气源处理三联件。第一件是油水分离器，它的作用是对外来的压缩空气进行净化处理。第二件是减压阀，它的作用是调节压缩空气的压力，使之按机器需要的压力对机器供气(压力压强一般调节在 0.4～0.6 MPa)。第三件是化油器，它的作用是将润滑油进行定量的雾化，并送到各与之连接的滑动件(如柱塞式电磁阀、气缸)。

L2、L4 是气源处理二联件，它只对气源进行滤清和调压，工作原理与作用等同于三联件的第一、二件。其中 L4 的减压阀可对网纹辊压合气缸的气源调节压力，保证泡罩封合的密封性。L3 是气源减压阀，它只对网纹辊压合气缸的气源压力进行调节，保障泡罩带封合的密封性。

G1、G2、G3、G4 依次为加热器顶升气缸、硬铝成型气缸、网纹辊压合气缸、剔废气缸。气缸 G1 的速度由节流阀 A1 和 A2 控制。要加快气缸速度时，可用手指逆时针旋动节流阀阀针手柄；要减速时则相反。调节完毕之后，须拼紧阀针上的螺帽。气缸 G2、G3 的速度由节流阀 A3、A4、A5、A6 控制，速度调节同上。

4. 润滑系统

(1) 减速机、变速箱润滑。

主传动系统有三只蜗轮减速机和一只变速箱，蜗轮减速机加油高度以蜗杆的水平中心线为准，旋开减速机上方的红色塑料油盖，并注入干净的汽车机油至规定油位。红色塑料油盖径向有一通气用小孔，机器工作时应确保其不堵塞，如机器长时期停用，须将其堵塞。对变速箱进行加油时，松开箱体上方的螺盖，注入汽车机油至视镜的中心点即可。三只蜗轮减速机和变速箱，在初次使用时半年换油一次，以后一年换油一次，停用半年以上重新开机使用时要更换新油。成型/冲切伺服减速器每 1～2 年进行大保养时要更换钙基油脂。

(2) 冲模箱、加热板架、成型箱润滑。

冲模箱、加热板架由手压油泵集中供油润滑，每班上班时，压手压泵 3～5 次；成型箱润滑需手工加油，并确保其开机前处于有油状态。

检收时要检查各润滑点是否都有润滑油注入，注入的量可由手压油泵旁的供油分配器调节。

(3) 链轮链条齿轮及滑动件润滑。

机箱内的链轮链条齿轮润滑，需每日用手油枪喷注 3～5 滴普通机油。工作台面上的开敞式滑动件的润滑需每班喷注 2 次，每次喷 1～2 滴白油。

(4) 各封闭的滚动轴承及滑动轴承润滑。

各封闭的滚动轴承及滑动轴承在每 1～2 年大保养时更换钙基油脂一次。

5. 水冷却系统

该设备的成型模、热封架需要循环水冷却，在机器的左侧下方装有进水口、进水阀门、排水口。冷却水(循环液或自来水，水温 20 ℃±5 ℃)接入进水口，由进水阀门调节其给水量，水进入机器的冷却主管道后经二通接头分流给各需冷却工位，第一道是进入上下成型模，用快换接头将水管连接上模，在上模内循环后排出接入下模，再从下模内循环后排出，进入排水主管道；第二道是通入热封架，主要用于冷却两端的轴承，在热封架内循环后排出进入排水道。机器使用一段时间后或停用一段时间应注意检查水冷却系统各接口和旋转密封是否有渗漏，如有渗漏请及时修复。

6. 视觉检测剔废系统

视觉检测剔废系统由两部分组成：视觉检测系统和剔废系统。

视觉检测系统由相机、镜头、相机罩、光源、控制器等组成。它的工作原理：开机运行时，PLC 发拍照信号给相机，相机拍照并将采集的图像数据发送给控制器，控制器计算比较其与标准图像的相似程度(操作者设定)，再由控制器判断是否为废板，如为废板发出一开关信号给 PLC。

剔废系统由剔废气缸、电磁阀、摆杆、离合器、花键、齿轮等组成。当 PLC 接收到视觉检测系统发出的废板信号后，延迟一段时间后，接通电磁阀，剔废气缸动作脱开离合器，冲切模不动作，不冲切废板，废板掉入废料箱内。当为好板时，电磁阀断电，剔废气缸返回啮合离合器，冲切模继续冲切板块。

7. 机器的使用和调整

(1) 工艺流程。

工艺流程如图 3－37 所示，首先将 PVC 薄膜硬片从卷料上放展，PVC 卷筒料架的里端装有蜗轮减速机和电动机，启动电动机，卷筒顺时针旋转，PVC 即从卷筒上放卷展出，展出的 PVC 受摇臂的作用下拉，当放卷一定长度，摇臂下拉到下止点时，摇臂支轴的里端上装有的遮光挡片感应光电开关，光控信号切断电动机电源使电动机停止，暂停放展。当 PVC 被下一工序抽拉了一定量之后，摇臂上升到上止点，摇臂支轴上的遮光挡片再次感应光电开关，使电动机启动，料卷又一次放展 PVC，如此循环完成自动放料。

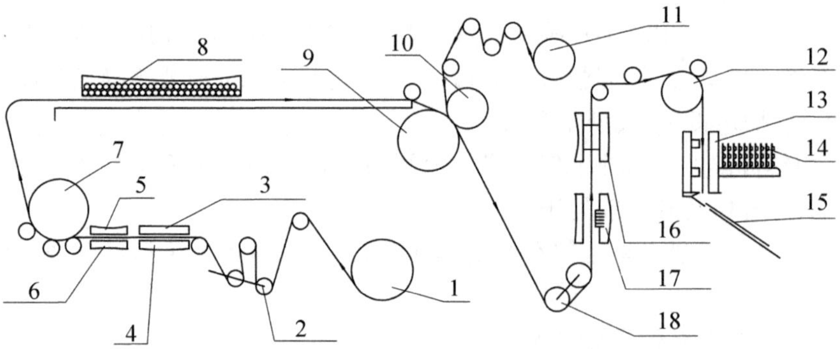

1. PVC 薄膜硬片；2. 摇臂；3. 上加热板；4. 下加热板；5. 成型模；6. 吹气模；7. 成型步进模；8. 加料器；9. 热封滚模；10. 热封网辊；11. 铝箔 PTP；12. 冲切步进模；13. 冲切模具；14. 成品；15. 废料；16. 压痕切线装置；17. 打印装置；18. 摇臂。

图 3－37 工艺流程

PVC 受成型步进模的牵引，先经过上、下加热板的加热软化，再进入成型模具受压缩空气的吹拉，形成泡罩带，泡罩带经过加料器下方时接受加料器充填物料，再从加料平台上向前移动。已接受加料的泡罩覆盖着铝箔 PTP 从热封滚模与热封网辊之间滚压通过，热封网辊受不锈钢加热管加温至 240 ℃左右，热封网辊的高温使铝箔上的热熔胶熔化后与 PVC 泡罩的平面热熔黏合，热封滚模由一只散热风机冷却，使之保持常温，避免通过滚压热封时的泡罩变形。

已热封上铝箔 PTP 的泡罩带经过打印装置打印批号，再通过压痕切线装置压线（如果需要压线），在冲切步进模的牵送下进入成品冲切模具，冲切模具把泡罩带冲切成成品板块并有序地输送到出料嘴上，边角废料被废料切刀切成碎片后投入废料小车中。

（2）操作程序。

① 清理机器各部位及机器周围的地面。

② 给机器加注润滑油。

③ 检查电源及接线是否符合要求。

④ 检验接地 PE 保护是否符合要求。

⑤ 检查给水、排水系统是否符合要求（给水压力压强大于 0.15 MPa，排水管路畅通无阻、无截止阀）。

⑥ 检查提供给本机的压缩空气源是否符合要求（压力压强大于 0.6 MPa、流量大于 0.3 m^3/min）。

⑦ 打开机器后面的矮门，用手转动电机至减速机之间的传动长轴，确认机器各传动部分正常并无卡滞现象。

⑧ 合上电源空气开关（图 3－28），按一下机器启动按钮（图 3－39）。

图 3－38　合上电源空气开关

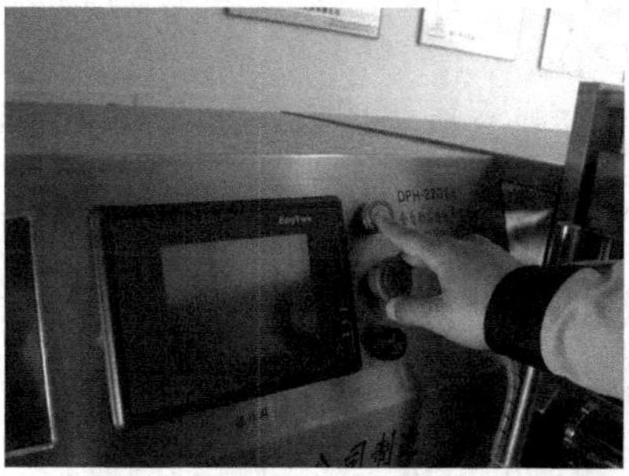

图 3－39　按机器启动按钮

⑨ 在触摸屏中给各加热器设定温度值、预停温度、加热比例时间等参数，触按各加热器按键，给各加热器预热。

a. PVC 薄膜硬片的成型温度范围很宽，理论成型温度为 90～180 ℃，由于 PVC 薄膜硬片的产地（制造商）不同，PVC 薄膜硬片最佳软化成型温度不同，而且与机器运行速度、环境温度、空气气流流速、冷却水温度、塑片厚度等因素也密切相关，一般上、下加热板的设定值为 130 ℃左右。实际运行时按吹泡成型的泡罩质量进行调整，调整温度基本原则如下：PVC 硬、厚，温度高；PVC 软、薄，温度低；机器速度快，温度高；机器速度慢，温度低；环境温度低，气流流速快，冷却水温度低，反之则温度高；机器超低速运行时（成型速度在 23 次/min 以下），温度要稍微调高，因为机器太慢，被牵引的 PVC 薄膜硬片在牵引过程中冷却降温而达不到成型所需的软化温度。

b. 网纹辊温度设定值与铝箔 PTP 热熔胶的熔化温度有密切关系，由于各制造商的铝箔 PTP 热熔胶的熔化温度相差较大，热熔温度互差大约 50 ℃。同时受机器速度等其他因素影响，一般网纹辊温度设定值为 210 ℃左右。实际运行时根据泡罩热封密封质量调整温度。

基本原则为

$$热封温度=\frac{设定温度\times 网辊压力}{接触时间(机器速度)}$$

密封质量合格时，设定温度和网辊压力应尽可能低。

⑩ 打开供水阀(图 3-40)。

图 3-40　打开供水阀

⑪ 打开供气阀(图 3-41)，并调节压力压强在 0.4 MPa 左右(压强调节范围为 0.35～0.62 MPa)。

泡罩质量合格的前提下，压力尽量调低。首次使用时，检查电、水、气、油系统是否有泄漏现象，按加料平台下的启动按钮(图 3-42)，机器空载运行 30 min，观察各部件是否运行正常。

图 3-41　打开供气阀

图 3-42　按启动按钮

⑫ 剪一段 PVC 薄膜硬片和铝箔 PTP 放到滚模与网纹辊之间，点动触摸屏上的“工作”键使主机启动后立即停止，观察热封网辊的压下与提升是否正常。

⑬ 放置 PVC 薄膜硬片(图 3-43)，穿过成型模，将其插入成型步进模各同步带之间，机器在目标速度下运行(主机显示 30 Hz)即开始成型泡罩带，制得的泡罩带长度约 5 m 长后，再按工艺流程图的路径通入冲切模中。

⑭ 将铝箔 PTP 平铺于热封滚模和热封辊(图 3-44)。

图 3-43　放置 PVC 薄膜硬片

图 3-44　平铺铝箔 PTP

⑮ 启动加料器，视本机本批药物配何种加料器。

⑯ 调节冷却水流量，保持成型模具工作温度在 40～50 ℃之间，在运行时间内多次调控。

⑰ 启动主机运行，并慢慢提速，直到机器速度达到最高速度的 80%。

(3) 模具更换。

① 关闭进气、进水阀。

② 更换成型模与吹气模。

打开机身后方的矮门，用右手拉套在模具上的快换接头，将全部接头拔下，如图 3-45 所示。请注意不要让遗留于管路内的水滴落到机器部件上，特别是电器上。若有水滴于机件，请用干布擦干。逆时针旋转成型模架上的两只滚花小手轮，抽出成型模，再松开吹气模紧定螺丝，取出吹气模，用与以上相反的动作装入更换的模具。若新模具比老模具宽，可调节上下加热板使其向后移动，若新模具比老模具窄，可调节上下加热板使其向前移动，加热板靠向模具的端面间隙 1 mm 为宜。待完成上述工作后，再接回气管、水管即可完成模具更换。

图 3-45　拔下全部接头

③ 换装热封滚模。

用上模工具顺时针松开滚模端面中间的固定螺母，另用专用卸模工具慢慢拉出模具约 20 mm 后，用双手护抱拉出滚模。装回新模具时先将模具清洁干净，并在主轴上涂少许机油，装上之后，旋紧原固定螺母。

④ 换装冲切步进模。

旋开步进模上的两只端面固定螺钉，用双手护抱步进模外圆柱面，均匀而平稳地拉出步进模;将新模内孔壁擦拭干净,并涂上少许机油,均匀而平稳地推装上去,再用两只螺钉将端面固定。

⑤ 如果平台导轨也需要更换,须拿出老导轨,换上新导轨。

⑥ 导轮拼装时须找出适合的导轮,并进行调试使其满足要求。

⑦ 换装冲切模。

冲切模是刀具,更换时须注意不要割伤身体,也不能用硬物碰伤刀刃而损坏模具。

更换步骤如下:

a. 取下模架罩。

b. 取出连杆销。

c. 松下四只冲模固定螺帽。

d. 用柄(或橡胶锤)轻击模腔。

e. 用厚布包裹模具。

f. 戴上防护手指套。

g. 抱拉模具下机。

装上新冲切模,按与上述步骤相反的顺序安装。

⑧ 更换批号、压线模具。

旋开批号脱料板上两只螺栓,取出脱料板,旋开弹簧压条上的两只螺栓,将弹簧压条转至向上方向,再旋松批号固定座的两只顶紧螺钉,取出批号座。将其钢字换好并锁好,再按与上述步骤相反的顺序安装。更换压线模具与上述安装步骤相同。

(4) 成型机构调整。

成型模具安装后,首先检查模具接触面是否接触良好,是否漏气。检查方法:剪一块PVC薄膜硬片插入模具之间,用手旋转传动轴,使模具压合,在温度设置界面触按"成型吹气"键,打开吹泡电磁阀,吹气模与PVC薄膜硬片之间应无气体泄漏,如有泄漏,调节成型器上的4只压力调节螺钉,将成型器上的模具调平。

(5) 切模机构与主机的同步调整。

更换模具后,由于成型模成型排数不同,需使用冲切变速箱拨挡调节冲切模速度,见表3-3。

表3-3 成型排数与冲切挡位的关系

成型排数	1	2	3
冲切挡位	1	2	3

(6) 批号、切线位置调整。

纵向位置调整:旋转导轮手轮,使泡罩带上下推动。横向位置调整:松开顶紧螺钉,里外推拉批号座、切线座使之正位,再锁紧顶紧螺钉。深度调整:松开批号座、切线座后调节螺钉上的拼紧螺母,调好调节螺钉,再锁紧拼紧螺母。

(7) 成型、热封温度调整。

由于材料供应商、机器使用环境、运行速度等因素的影响,成型、热封温度存在差异,因此必须根据实际情况进行调整。触摸屏上加热显示灯亮时,加热器通电升温,不亮时加热器断电恒温。通电一段时间后若温度显示值高于设定值，可将比例时间调大，反之调小。

如果显示屏上提示温度失控，说明可控硅已被击穿，请立即切断总电源，并请专业维护人员检修。

(8) 切线与打印批号温度调整。

一般情况下，切线与打印批号在常温下进行，特殊情况下，对板块的切线与打印批号可在加热状态下进行，打印批号的温度一般在 100～130 ℃，而切线温度一般在 90～110 ℃。

(9) 冷却水影响温度调整。

一般情况下，冷却水对整机的运行影响不很大，但在特殊情况下冷却水会影响吹泡成型效果。

在北方地区的严寒季节，从外界通入的自来水温度很低，如果冷却水开得过大，会使成型模处于低温状态，使泡罩很难成型，此时就要将水开小一点。

在南方地区的高温夏季，外界通入的自来水温度过高，起不到对模具的冷却作用，须先将自来水放入阴凉的容器中进行降温后再进入机器。

(10) 铝箔和薄膜模向位置调整。

料卷放在输送架上，输出后对称于成型模具的中心，如有偏差可旋转输送架上外方的一个滚花手轮；将滚花手轮顺时针旋转，塑片往里移动，反之则向外移动。

铝箔 PTP 的调节与 PVC 薄膜硬片的调节方法一致，它的调节要求是对齐于 PVC 薄膜硬片。

三、机器的维护维修

1. 常见故障及其排除方法

铝塑泡罩包装机常见故障、故障原因及其排除方法见表 3－4。

表 3－4　常见故障、故障原因及其排除方法

<table>
<tr><th>常见故障</th><th>故障原因</th><th>排除方法</th></tr>
<tr><td rowspan="11">吹泡成型不良</td><td>① 场所空气流量过大</td><td>① 降低通风度</td></tr>
<tr><td>② 加热区温度过低或过高</td><td>② 适当调整成型温度</td></tr>
<tr><td>③ 冷却水流量过大带走热量过多</td><td>③ 调节水阀，控制水流量</td></tr>
<tr><td>④ 空气压力不宜</td><td>④ 调节过滤减压阀，压力压强一般为 0.4～0.6 MPa</td></tr>
<tr><td>⑤ 减压阀滤芯堵塞</td><td>⑤ 清洗或更换滤芯</td></tr>
<tr><td>⑥ 上模排气孔堵塞</td><td>⑥ 用钢针疏通</td></tr>
<tr><td>⑦ 上下模平面不吻合</td><td>⑦ 重新铲刮上下平面</td></tr>
<tr><td>⑧ PVC 薄膜硬片质量不佳</td><td>⑧ 油石打磨</td></tr>
<tr><td>⑨ 吹气时间不同步</td><td>⑨ 调换塑片</td></tr>
<tr><td rowspan="2">⑩ 压辊太低，PVC 薄膜硬片在行走时贴着吹气模，带走热量过多</td><td>⑩ 调节挡光片位置，使之在模具刚闭合时吹气</td></tr>
<tr><td>⑪ 抬高抬辊，使 PVC 薄膜硬片悬空行走</td></tr>
</table>

续　表

常见故障	故障原因	排除方法
运行不同步	① 热封滚模挤泡，使成型的泡带偏短或偏长	① 重新设定成型步进拉膜长度
	② 切线或打印批号位置不准	② 旋转冲模上方的压辊调节手轮，使切刀或批号位置准确
	③ 冲切的板切边缘不准	③ 调节冲模上方的冲切步进模位置
热封不良	① 温度过低或过高	① 调节温控仪设定温度
	② 热封压力过大或过小	② 调节机箱的气压调压阀
	③ 网辊上有脏物	③ 用铜丝刷刷除
	④ 铝箔胶层不均	④ 更换铝箔
一侧热封	热封滚模与热封网辊不平行	调节热封机架上两只平衡螺钉
周期性热封不良	① 网辊轴变形	与制造商联系修理或更换网辊
	② 网辊表面损坏	
中间密封，两端密封不良	热封网辊轴线与滚模轴线不平行	调整热封网辊支架
铝箔起皱	① 铝箔转折辊与滚模轴线不平行	① 调整各辊
	② 铝箔 PTP 存在内偏移	② 更换铝箔 PTP

2. 安装和维护

（1）安装。

可将本机安放在硬质地面上，环境温度 15～35 ℃，相对湿度 40%～80%。用扳手旋转可调底脚盘，使机器水平，然后接好电源和冷却水(冷却水源可用自来水或循环水)。

（2）维护。

① 开机前要按规定注入润滑油。

② 严格按操作程序进行，严禁将硬物或手伸入成型模及冲模中。

③ 工作完毕应切断电、水、气源。待各加热部分冷却后，对机器进行全面清洁，盖上防尘护罩。

④ 机器使用一季度后，进行小保养，擦洗各外露传动件，并加润滑油，检查各紧固件是否有松动，并固紧。

⑤ 机器使用一年后，进行中保养，除完成小保养的工作外，还要对各传动箱进行换油检查，若某些易损件老化，须换新零件。

⑥ 机器使用二年后，进行大保养，拆卸机器所有传动件、运转件、滑动件、密封件并进行清洁，更换已老化的零件。用铲磨法对成型模架装模平台进行平整度校正。用挤研法对冲模刃口进行锋刃消隙。网辊花纹若有剥蚀，要进行更新，对加热元件以及各电器，要进行绝缘测试，绝缘电阻要大于 1 MΩ。

进度考核评定

◇进度考核题目

一、简答题

简述铝塑泡罩包装机的组成。

二、实际操作题

按要求操作并维护维修铝塑泡罩包装机。

◇进度考核评定标准

进度考核评定标准见表 3－5。

表 3－5　进度考核评定标准

编号	考核内容	分值	得分
1	认识铝塑泡罩包装机的结构	40	
2	能维护维修铝塑泡罩包装机	40	
3	保证安全和场地整洁	20	
合　计		100	

任务二 制袋充填封口包装机

学习目标

1. 能正确操作制袋充填封口包装机。
2. 能正确维护维修制袋充填封口包装机。

所需设备和工具

任务所需设备和工具见表 3-6。

表 3-6 所需设备和工具

名称	规格	单位	数量
制袋充填封口包装机	DXDK80CG 型	台	1
维护维修工具箱		个	1

一、设备特点

DXDK80CG 型制袋充填封口包装机，如图 3-46 所示，可自动完成制袋、计量、充填、封合、切断、打印批号、计数、光电追踪等全过程。其主要特点如下。

（1）采用高品质工业铝合金型材作为机架。

（2）一体化电动切刀，可避免卡袋现象，不仅延长了切刀寿命，而且可在机器运行过程中调整切刀位置。

（3）双轴式主动转臂避免了单轴式转臂遇到过载变形。

（4）采用双主动轮拉袋的最新结构使包装袋更为平整。

（5）用 CPU(Central Processing Unit，中央处理器)集中控制机器的各功能状态，设有人机对话界面。

（6）智能型温控仪双路控制横、纵封体温度。

（7）智能光电定位，亮动、暗动任意转换，抗干扰性强，连续三袋光标异常即停机报警。

（8）在额定范围内无级调整包装速度。

（9）具有定位停机功能，以保证不灼伤包装材料。

（10）采用容积法计量，对于密度均匀的被包装物料计量准确，符合国家计量标准。

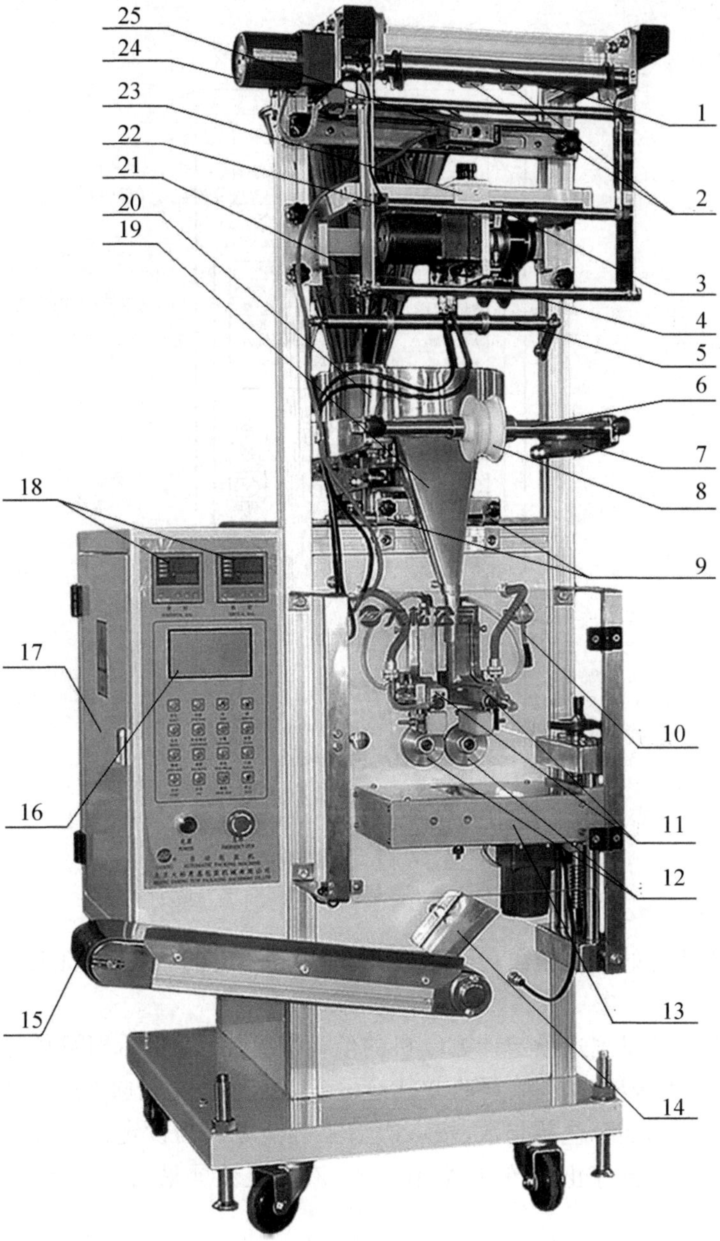

1. 滚筒；2. 胶套；3. 控制杆；4. 输纸轴；5. 导向轴；6. 架纸轴；7. 架纸板；8. 挡纸轮；9. 制袋器安装座；10. 离合器手柄；11. 热封器；12. 拉纸轮；13. 一体化电动切刀；14. 挡纸板；15. 输送带；16. 液晶屏；17. 电控箱；18. 温控仪；19. 制袋器；20. 计量盘；21. 料斗；22. 供纸开关；23. 热打码机；24. 供纸电机；25. 光电头。

图 3－46　DXDK80CG 型制袋充填封口包装机

二、操作过程

（一）控制面板功能

控制面板如图 3－47 所示。

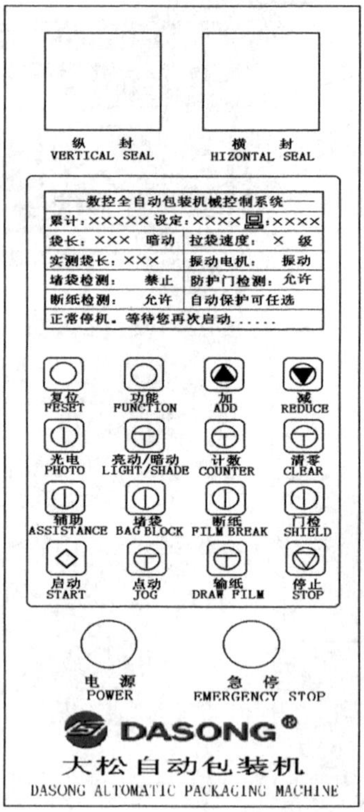

图 3－47 控制面板

1. CG 液晶显示屏功能介绍

累计：记录机器总的包装袋数，开机后显示正常停车前的数值，不能修改，可按两次清零键进行清除。

设定：设定包装数量到达设定计数停机的值，用功能键选中后即可按加减键进行设定。其数值设定后不能用清零键清除，要改变其设定值只能用功能键选中后按加减键重新设定。

计数：记录机器的实际包装袋数，按一次清零键清零。当设定计数停机功能投入时，若计数值到达设定值，机器停止运转，计数值归零，液晶显示屏最后一行提示“计数控制到，正常自动停机……”

袋长：机器拉袋长度数值设定，范围为 30～240 mm。在工作状态（没有用功能键选中选项的情况下）可按加减键直接设定拉袋长度数值。

数控、亮动（暗动）：数控状态按设定袋长拉袋。亮动/暗动状态按光标袋长拉袋。在开机或停机状态下按光电键可进行数控、亮动（暗动）转换。在停机状态下按亮动/暗动键可进行亮动（暗动）转换。在光电（亮动或暗动）控制状态下，若电眼光点追踪不到包装材料上的色标则机器停止运转，液晶显示屏最后一行提示“跟色错误，请检查调整跟色电眼……”

拉袋速度：机器拉袋速度设定，范围为 1～9 级，用功能键选中后即可按加减键设定拉袋速度级数，一般选择 5 级。

实测袋长：显示包装机的实际拉袋长度。在数控状态下和袋长设定值相同，在光电（亮动或暗动）状态下显示实际拉袋长度。

断纸检测：由断纸键控制断纸检测功能允许或禁止。当断纸检测功能允许时，若包装纸用完或断裂，机器停止运转，液晶显示屏最后一行提示“断纸保护或供纸接近开关失灵……”

防护门检测：由门检键控制防护门检测功能允许或禁止。当防护门检测功能允许时，若防护门打开则机器停止运转，液晶显示屏最后一行提示“防护门已被打开，自动保护停机……”

液晶显示屏最后一行提示机器的实时工作状态及故障停机原因。

2. 复位键

按复位键控制系统恢复正常停机前的数值，机器停机。

3. 功能键

按功能键，可以进入拉袋速度和设定计数选项循环，选中后变为深色，此时可以通过按加减键改变选项的数值，设定完成后可按功能键确认或放置几秒后由机器自行确认。

4. 增加键

按增加键，选项增加数值，长按增加键数值增加速度进入快速状态。

5. 减少键

按减少键，选项减少数值，长按减少键数值减少速度进入快速状态。

6. 光电键

按光电键，显示为亮动或暗动时，机器按光电控制方式运行；再按光电键，显示为数控时，机器按设定的袋长运行。

7. 亮动/暗动键

停机状态下按亮动/暗动键可选择亮动或暗动，当包装材料的色标为深色（如黑色）时，选择暗动；当包装材料的色标为浅色（如白色）时，选择亮动。

8. 计数键

按计数键，显示为“”时，当包装数量达到设定数量时自动停机；按计数键，显示为“”时，机器取消包装数量达到设定数量时自动停机功能。

9. 清零键

按一次清零键，计数归零；连续按两次清零键，累计计数归零。

10. 辅助键

按下辅助键，搅拌电机搅拌（F 机）或振动电机振动（P 机），再按辅助键停止。粉机只有辅助键接通（搅拌电机工作）时充填电机才能工作。

11. 堵袋键

按堵袋键，液晶显示屏显示“堵袋检测：允许”时，开启堵袋检测功能；液晶显示屏显示“堵袋检测：禁止”时，关闭堵袋检测功能。由于本系列包装机采用一体化电动切刀，不存在堵袋现象，故此键功能已被取消。

12. 断纸键

按断纸键，液晶显示屏显示“断纸检测：允许”时，开启断纸检测功能；液晶显示屏显示“断纸检测：禁止”时，关闭断纸检测功能。

13. 门检键

按门检键，液晶显示屏显示“防护门检测：允许”时，开启防护门检测功能；液晶显示屏显示“防护门检测：禁止”时，关闭防护门检测功能。

14. 启动键

按下启动键，机器开始运转。液晶显示屏最后一行提示“没有发现任何错误，运行正常……”

15. 点动键

按下点动键，主电机转，不拉袋。松开点动键，机器停止运转。

16. 输纸键

机器停止时，按下输纸键，两输纸轮低速滚动输纸。松开该键，输纸轮停止运转。

17. 停止键

机器运转时，按下停止键，机器停止运转。液晶显示屏最后一行提示“正常停机，等待您再次启动……”

18. 电源开关

按下电源开关，指示灯亮，接通机器总电源。

19. 急停开关

遇到紧急情况时，按下急停开关，机器立刻停止运转。再次启动机器前，必须先旋出复位急停开关(按箭头方向旋转)。

（二）设定封合温度

接通电源开关，根据所使用的包装材料，分别在横封、纵封温控仪上设定热封温度。

温度设定：首先单击“SET”键，上排显示 SV，下排个位字符闪烁，此时仪表可以进入设定状态；然后通过移位键“(◀)”、减值键“(▼)”、增值键“(▲)”改变设定值；最后，在设定结束后，单击“SET”键，参数被存储，仪表进入工作状态。

自整定：长按移位键“(◀)”5 s 后，AT 灯亮，开始自整定，自整定要根据机器实际工况由凉态到热态连续通电运行(约 20 min)。自整定结束后，AT 灯灭，仪表进入工作状态。自整定是设定温度环节中的重要步骤，它直接影响温控仪控制温度的实效。

一般包装材料的封合参考温度见表 3－7。

表 3－7　一般包装材料的封合参考温度

包装材料类型	设定温度
纸/聚乙烯、铝箔/聚乙烯、尼龙/聚乙烯	180 ℃左右
玻璃纸/聚乙烯	170 ℃左右
涤纶/聚乙烯、BOPP/聚乙烯	160 ℃左右
聚丙烯/聚乙烯	150 ℃左右

注：此表为一般包装材料的封合参考温度，如使用的包装材料不在此表中，需经过试验来确定合适的封合温度。

封合温度的确定与包装材料的类型、厚度、包装速度、封合压力密切相关，因此在设定温度时，要根据以上几项因素来综合考虑。通常情况下，考虑到滚轮对封合的影响以及被包装物料的影响，纵封的温度应比横封的温度低一些（大约低 10 ℃）。总之，设定封合温度的原则是使包装袋封合严密，封合处平整，纹路清晰、无变形。

（三）供纸

在滚轮向下拉动包装袋的时候，由于包装材料的移动，带动控制杆向上移动，使控制杆离开接近开关，由接近开关向控制电路发出信号，使供纸电机运转输送包装材料，由此控制杆因自重下落，使控制杆靠近接近开关，供纸电机停止运转，如此循环，自动完成供送包装材料的全过程。如图 3-47 所示为供纸部分示意图。

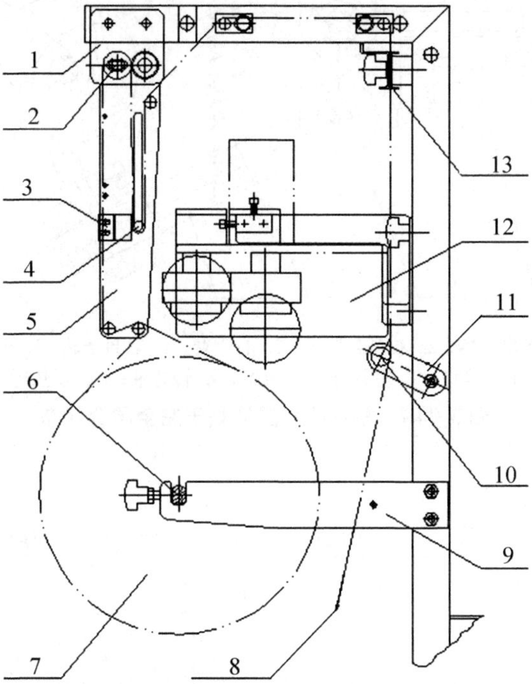

1. 供纸电机；2. 输纸轴；3. 供纸接近开关；4. 控制杆；5. 右控制板；
6. 架纸轴；7. 包装纸卷；8. 成型器；9. 架纸板；
10. 导向轴支板；11. 导向轴；12. 打码机；13. 光电开关支架。

图 3-47 供纸部分示意图

（四）调整热封压力

1. 横纵封一体机热封压力调整

初步调整时，可在没有通电的状态下进行。用手转动主电机传动皮带，使左右热封器体处于完全闭合状态，如图 3-48 所示。先对右热封器体进行调整，使其封合面在两滚轮中间且成一直线，使封道距滚轮前约 1 mm，调整好后固定。然后将左热封器体对正右热封器体。此时左、右热封器体闭合的中心线应与制袋器中心线对正，观察左、右热封器体接触部位，如有贴合不严密的地方，使其贴合严密。

调整左、右热封器体时，可将紧固螺母松开，同时松开纵封调整螺钉或横封调整螺钉的锁紧螺母，顺时针旋转纵封调整螺钉或横封调整螺钉，使纵封或横封部位与右热封器体贴紧，加大封合压力。若反方向调整可减小封合压力。调整完毕后，拧紧紧固螺母，如图3-49所示。

纵封与横封封合压力的调整是相互关联的，调整其中一个必将对另一个有所影响，因此在调整过程中要耐心、细致，使封合压力适当。封合压力过大将造成机器在运转中噪声加大，缩短机器的使用寿命。

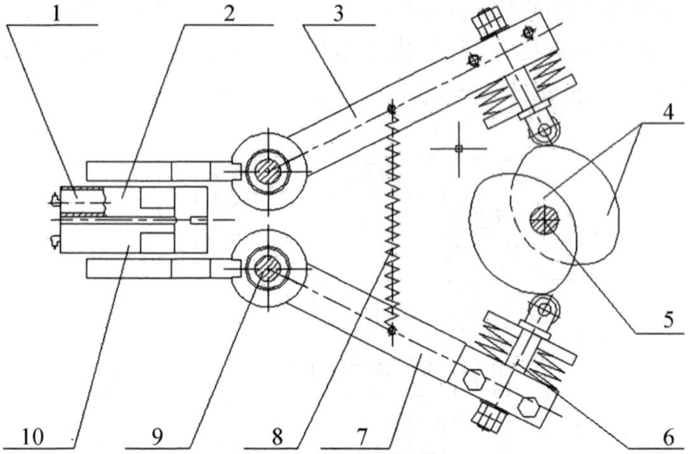

1. 横封电热器；2. 右热封器体；3. 右转臂；4. 热封凸轮；5. 分配轴；6. 滚子支撑杆；7. 左转臂；8. 拉簧；9. 转臂轴；10. 左热封器体。

图3-48　左右热封器体处于完全闭合状态

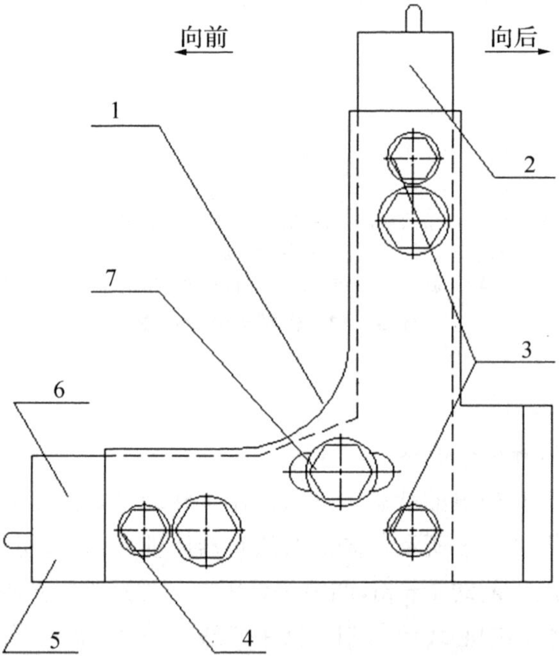

1. 转臂前板；2. 纵封；3. 纵封调整螺钉；4. 横封调整螺钉；5. 横封；6. 热封器体；7. 紧固螺母。

图3-49　紧固螺母

2. 背封机热封压力调整

横封：如图 3－50 所示，在关闭电源的状态下，手动盘车使动力分配轴由上向下看顺时针转动至与封体刚刚接触。松开卸荷器两端螺母，旋转卸荷器（顺时针方向旋转封体前移，反之则后移）至封体要求位置，即后横封端面（与卸荷器相连接的封体）和制袋器的前后中心位置顺线对齐，再拧紧卸荷器两端的螺母。使前导板和前横封体间弹簧长度保持 30 mm（出

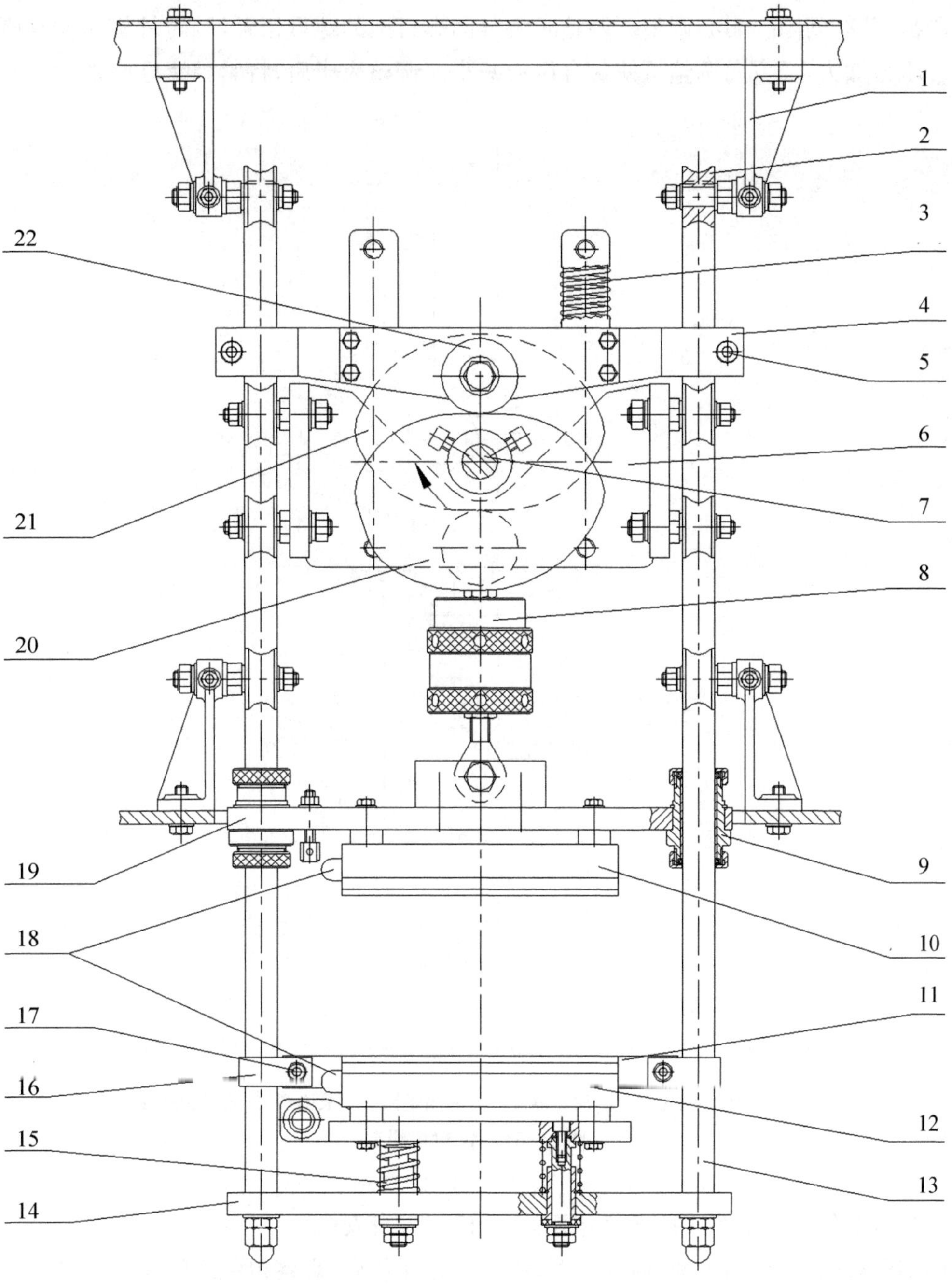

1. 导轮支架；2. 导轮；3. 拉簧；4. 拉架；5. 紧固螺钉；6. 托架；7. 分配轴；8. 卸荷器；9. 导向套；10. 后封体；11. 切刀；12. 前封体；13. 长导轴；14. 前导板；15. 压簧；16. 刀架；17. 紧固螺钉；18. 电热管；19. 滑动导板；20. 横封凸轮上凸轮；21. 横封凸轮下凸轮；22. 轴承。

图 3－50 背封机横封

刀压力），松开拉架两端紧固螺钉，使拉架和托架中间轴承分别贴紧横封凸轮，向后移动长导轴，使前后封体端面齿对应啮合严实后拧紧拉架两端紧固螺钉。转动皮带轮，使分配轴顺时针转动一周以上无卡滞现象。

纵封：如图 3-51 所示，在没有通电的状态下用手转动主电机传动皮带，使左右热封器体处于完全闭合状态，此时左、右热封器体闭合的中心线应当与制袋器中心线对正，齿部应啮合严密，若有间隙要耐心调整。调整时将紧固螺钉上的螺母松开，顺时针旋转调整螺钉可使封合压力加大，反方向调整可使封合压力减小。调整完毕后，将紧固螺母拧紧。

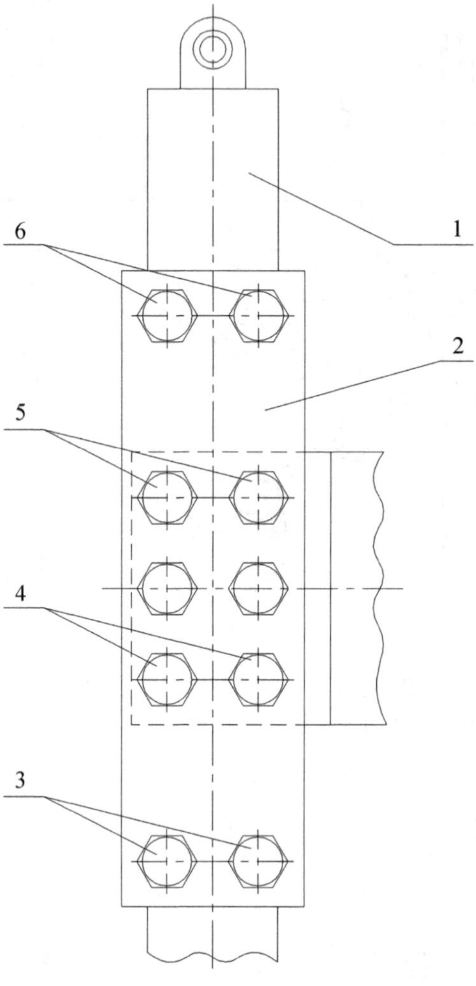

1. 热封器体；2. 托板；3. 调整螺钉；4. 紧固螺钉；5. 紧固螺钉；6. 调整螺钉。

图 3-51　背封机纵封

调整时必须关闭电源或按下急停开关，以确保人身安全。

精细调整时，可接通电源，启动机器，连续封合几袋后，观察包装袋的纵封及横封是否封合严密，纹路是否清晰均匀，机器在封合时是否撞击过大。如不符合要求，需按以上步骤再次进行调整，直到封合效果满足要求为止。

（五）袋长设定及光电调整

在机器停机或运行工作状态中，袋长可由控制面板的加、减键直接设定，液晶显示屏会显示袋长数值设定。

1. 袋长设定

(1) 根据设计要求，袋长设定值不可随意更改，设定范围为 30～240 mm。

(2) 对于无色标的包装材料，按光电键使液晶显示屏显示袋长右侧的字变为“数控”，此时制袋长度可按实际要求的袋长进行设定。如要求袋长为 100 mm，则将袋长设定值设为 100 mm 即可。若包装材料变形、滚轮压力小或磨损等原因造成实际袋长小于袋长设定值，此时应增加袋长设定值，直到实际制袋长度符合实际袋长要求。

(3) 对于有色标的包装材料，按光电键使液晶屏显示袋长右侧的字变为“亮动”或“暗动”，此时制袋长度可按大于色标标准长度值 2 mm 进行设定。如色标标准长度为 120 mm，则将袋长设定值设为 122 mm。若包装材料变形、滚轮压力小或磨损等原因造成实际袋长小于袋长设定值，此时应增加袋长设定值，直到实际制袋长度大于色标标准长度值 2 mm。

2. 光电调整（暗动为例）

(1) 接通电源开关，按光电键，将控制袋长设定为光电状态的“暗动”。调整导纸板与光电开关（电眼）光头的检测距离（10 mm±2 mm），使光电开关（电眼）照射在包装材料上的投光点最聚焦、最清晰。

(2) 移动包装纸，使投光点落在色标之外的背景区，由最低点向最高点慢慢转动灵敏度旋钮至指示灯恰好亮，记住此时灵敏度旋钮的位置，此为灵敏度的最低点。

(3) 再移动包装材料，使投光点落在色标中央，此时指示灯应灭。继续向最高点慢慢转动灵敏度旋钮至指示灯恰好亮，记住此时灵敏度旋钮的位置，此为灵敏度的最高点。

(4) 取(2)、(3)两步灵敏度旋钮位置的中间位置作为光电开关（电眼）灵敏度的最佳位置。反复上下移动包装材料，色标经过光点时，光电开关（电眼）上的受光指示灯有亮灭的变化，说明灵敏度调节合适。

（六）制袋调整

1. 拉袋时机调整

调整分配轴上拉袋发讯凸轮与拉袋无触点接近开关的相对位置，当热封器体趋于最大张开位置时，拉袋电机开始拉袋，此时为正确拉袋时机。

2. 确定切刀位置

数控状态下，切刀切口距横封封道中心距离为 2～3 倍的设定袋长；光电状态下，切刀切口距横封封道中心距离为 2～3 倍的光标袋长。

调整一体化电动切刀上下位置时（图 3－52、图 3－53），需旋松丝杠上的锁紧螺母，再旋转丝杠上方手轮（顺时针旋转切刀向上移动，逆时针旋转切刀向下移动），使切刀刀刃正对包装袋上任一处色标中间，然后锁紧锁紧螺母。

若发现包装袋两邻边不垂直，可松开 4 个调整螺钉，微量转动切刀主体使其达到要求后再紧固调整螺钉。

切刀主体下方有两个切刀压力调整手钮，用于调整切刀压力。

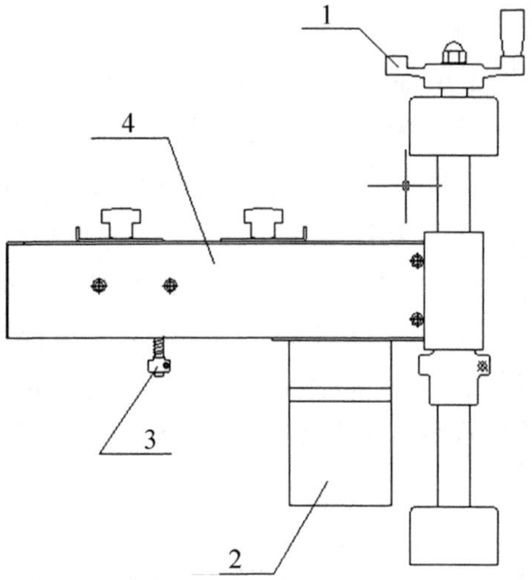

1. 手轮；2. 切刀电机；3. 手钮；4. 一体化电动切刀。

图 3-52　切刀位置(1)

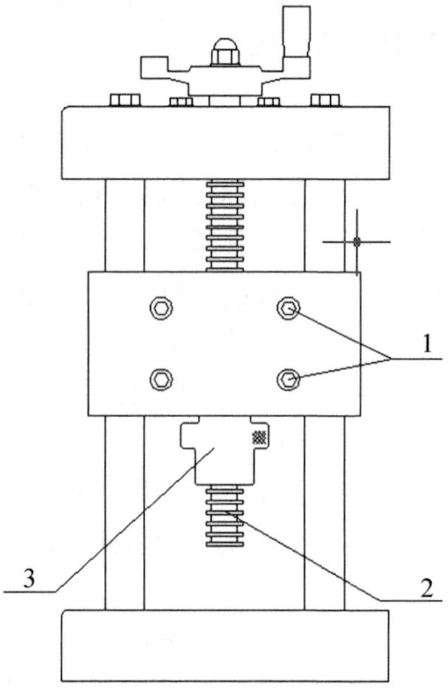

1. 调整螺钉；2. 丝杠；3. 锁紧螺母。

图 3-53　切刀位置(2)

背封机是封切一体的，切刀位置无须根据制袋长度进行调整。切刀若不能正常切断或修磨刀片后需要调整时，可松开长导轴上刀架的紧固螺钉，移动刀架，使切刀的刀尖处与热封器前端面对齐，然后拧紧刀架上的紧固螺钉。

调整切刀位置时，必须关闭电源，以免发生人身伤害事故。

3. 光标袋长调整

使包装袋色标正对横封封道的中间(切刀切口)位置，移动光电开关(电眼)，使其投光点位于任一处色标中间后固定光电开关。开机运转，若发现切刀切在色标上方，可向上调整光电开关(电眼)位置，反之向下调整光电开关(电眼)位置，直至切刀切在色标中间。(注意：由于此类机型的控制特点，其包装材料的色标宽度不得小于 3 mm。)

4. 制袋器(成型器)调整

如图 3-54 所示，制袋器的前后位置应使成型后的包装袋在滚轮侧两边对齐，且纵封封道的边缘比滚轮的边缘多出 1 mm 左右。如果包装袋在封合后出现错边，应横向移动制袋器，使其往错边多的一侧移动，直至两边对齐为止。如果包装袋在封合后横封处有折皱，应把制袋器向起折皱的一侧下压或上提另一侧，消除折皱。这一步调整要耐心细致，以达到包装成品平整美观的效果。

包装袋封道是否平整直接关系到包装成品的外观质量，因此在调整时，应耐心细致。包装袋封道是否平整美观除了与封合温度、封合压力有关外，还与制袋器的位置有着密切的关系，因此调整好制袋器的位置至关重要。

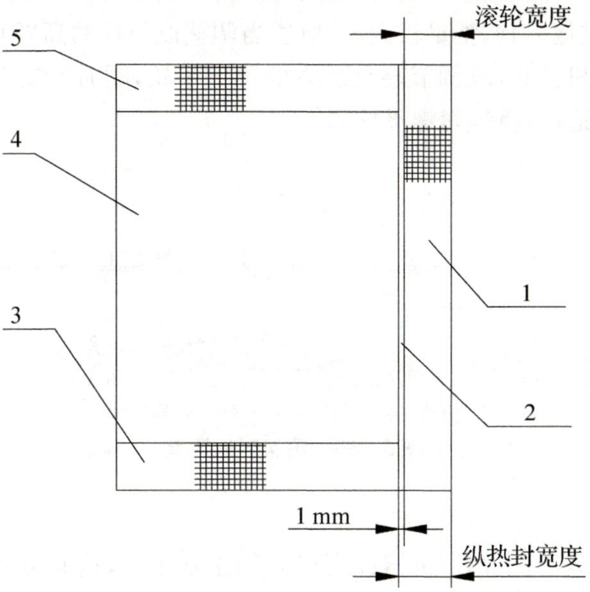

1. 滚轮压痕；2. 纵封封道；3、5. 横封封道；4. 包装袋。

图 3－54　制袋器

（七）充填计量调整

在空袋运行调整完毕后，即可进行充填计量调整。在往料斗中填加物料之前，应先进行如下检查或调整。

1. 正确的落料时机

转动离合器手柄使上离合器与下离合器相互啮合。转动主电机传动皮带，使两热封器体处于刚刚闭合状态，这时物料应能下落进入包装袋中，此时为正确的落料时机。如果落料时机不合适，将会造成横封夹料，使包装成品袋封合不严，造成破袋，这时需要重新调整落料时机。改变包装速度后，落料时机有可能受到影响，为了避免横封夹料，就需重新调整落料时机，以满足使用要求。落料时机是否合适的基本原则：两热封器体闭合后，物料落下，这样才不会发生横封夹料的现象。

2. 包装速度的调整

机器出厂时速度处于较慢的状态，若想要提高包装速度，可在机器运行状态下，旋转调速手轮。顺时针旋转，速度加快；逆时针旋转，速度减慢。

3. 颗粒机

(1) 落料时机调整：使两热封器体处于刚刚闭合状态，松开分配轴上小齿轮的紧固螺钉，向下移动小齿轮，使其与大齿轮脱离。合上离合器并逆时针方向转动大齿轮，使上离合器与下离合器完全啮合，且下转盘转到下料门打开约 1/3 处(此 1/3 是指下转盘容杯的外径处)(图 3－55)。此时将小齿轮向上移动与大齿轮啮合，并拧紧固定螺钉。如果落料时有物料漏在制袋器外边，则需调整拨杆架的位置即开关料门时机，使物料既不落在制袋器外边又不造成横封夹料。

(2) 落料时机调整正确后，即可向料斗中填加物料，进行充填物料的运行。

(3) 检查包装袋中物料的重量是否符合要求，如不符合要求，则需要进行调整。当使用的是用调节螺环调节容杯容量的机型时，应旋转下转盘下方的调节螺环，顺时针旋转增加重量，逆时针旋转减少重量（当调整量较大时，应适当调整拨门杆的高度）。当使用的是用调节手轮调节容杯容量的机型时，应调节转盘后方的调节手轮，顺时针旋转增加重量，逆时针旋转减少重量。调节合适后，将锁紧螺母拧紧。

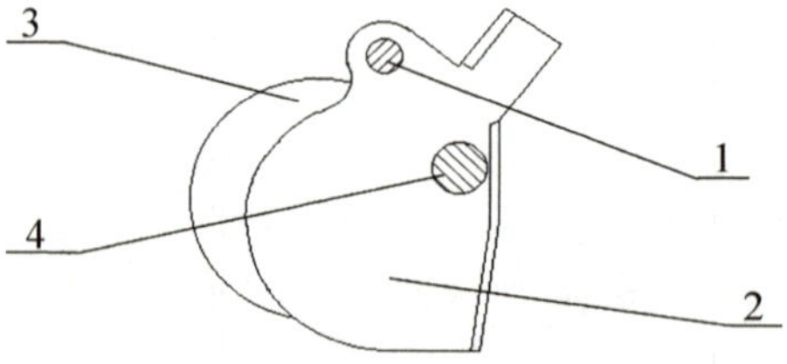

1. 门轴；2. 下料门；3. 容杯；4. 拨门杆。

图 3－55　落料时机调整

（八）生产运行

当充填计量调整运行正常后，机器即可以开始正常工作，这时可按一下清零键，使计数器清零，进行正常生产成品的计数。

三、维护与保养

（一）润滑

应定时给各齿轮啮合处、带座轴承注油孔及各运动部件加注机油润滑，每班一次。减速机严禁无油运转，首次运转 300 h 后，应清洗内部并换上新油，其后每工作 2 500 h 换一次油。推荐用润滑油见表 3－8。

表 3－8　推荐用润滑油

环境温度/℃	润滑油
－5～10	工业齿轮油 N150（或 ISO VG150）
10～40	工业齿轮油 N320（或 ISO VG320）

加注润滑油时，请注意不要将油滴在传动皮带上，以防造成打滑丢转或皮带过早老化损坏。

（二）清洁

（1）停机后应及时清洁计量部分。对于含糖、含盐、易潮解的被包装物料，应保证每班清洁与其接触的零部件。

（2）经常清洁热封器体，以保证包装成品袋封合纹路清晰。

（3）对于散落的物料，应及时清理干净，保持机件的干净，延长机器的使用寿命。

（4）须经常清洁光电开关（电眼）光头，以保证其可靠工作。

（5）须经常清洁电控箱内的粉尘，以防造成短路或接触不良等电气故障。

（三）维护

（1）须经常检查各部位螺钉，不得有松动现象。

（2）电器部分应注意防水、防潮、防腐、防鼠。保证电控箱内及接线端子处整洁，以防造成电气故障。

四、常见故障及其处理

常见故障及其排除方法见表3－9。

表3－9　常见故障及其排除方法

故障现象	故障原因	排除方法
包装材料拉断	① 包装材料有接头、断痕过大的毛边	① 除去不合格的纸段
	② 供纸电机线路故障或线路接触不良	② 检查供纸电机线路
	③ 供纸接近开关损坏	③ 更换供纸接近开关
袋封合不严密	① 包装材料内层不均匀	① 除去不合格的包装材料
	② 封合压力不均匀	② 调整封合压力
	③ 封合温度偏低	③ 提高热封温度
封道不正	热封器体位置有误	重新调整热封器体位置
包装袋切不断或局部切不断造成连袋	① 切刀压力调整不合适	① 调整切刀压力
	② 切刀刃口变钝	② 修磨或更换切刀
热封器体不升温	① 加热管损坏	① 更换加热管
	② 线路故障	② 检查线路
	③ 保险管断	③ 更换保险管
热封器体温度失控	① 热电偶断路	① 更换热电偶
	② 温度调节仪损坏	② 更换温度调节仪
供纸电机不转或转起来不停	① 供纸控制杆卡住	① 解决卡住原因
	② 供纸接近开关损坏	② 更换供纸接近开关
	③ 启动电容损坏	③ 更换启动电容
	④ 保险管断，或电源板故障	④ 更换保险管，并检查电源板，排除故障
色标定位不起作用	① 袋长设定值不合适，通常情况为实际袋长小于色标标准长度	① 增大袋长设定值，使实际袋长或略大于色标的标准长度
	② 滚轮花纹磨平，摩擦力减小	② 更换滚轮
不拉袋（拉袋电机不运转）	① 线路故障	① 检查线路，排除故障
	② 拉袋接近开关损坏或拉袋发讯凸轮距离远	② 更换拉袋接近开关或调整拉袋发讯凸轮距离
	③ 控制板故障	③ 更换控制板
	④ 步进电机驱动器故障	④ 更换步进电机驱动器

续 表

故障现象	故障原因	排除方法
液机包装重量不稳定，不充料	① 旋塞摇杆松动	① 紧固旋塞摇杆螺钉
	② 料位变化范围大	② 控制料位范围
	③ 管路堵塞	③ 疏通管路
	④ 旋塞位置有误	④ 调整旋塞位置
充填电机不工作	① 充填接近开关位置不当；控制板坏	① 调整接近开关位置使其发讯；换控制板
	② 驱动器、充填电机坏	② 更换驱动器或电机
切刀电机不工作或者不受控制	① 切刀电机启动电容损坏	① 更换启动电容
	② 线路故障	② 检修线路
	③ 切刀的停止接近开关损坏	③ 更换接近开关
	④ 电机损坏	④ 更换电机

进度考核评定

◇进度考核题目

一、简答题

1. 简述制袋充填封口包装机的组成。
2. 简述制袋充填封口包装机的操作过程。
3. 简述制袋充填封口包装机的维护维修过程。

二、实际操作题

按要求操作并维护维修制袋充填封口包装机。

◇进度考核评定标准

进度考核评定标准见表3-10。

表3-10 进度考核评定标准

编号	考核内容	分值	得分
1	认识制袋充填封口包装机的结构，熟悉工作过程	30	
2	正确操作制袋充填封口包装机	30	
3	能正确维护维修制袋充填封口包装机	30	
4	保证安全和场地整洁	10	
合 计		100	

附录一 部分制剂设备操作要点

沸腾制粒机(FLP 型)操作要点

操作步骤

一步制粒操作过程:

(1) 打开空气过滤器总电源→开空气压缩机总电源→开空气过滤器电源(红)→开空气压缩机(按蓝色按钮、再按黑色按钮)→开气阀→调节压缩空气(0.4～0.6 MPa)。

(2) 开总电源→按红色按钮→操作键面→料车放入→顶升→引风(15～25 Hz)→加热(100 ℃)→出风温度(45～50 ℃)30 min→降引风(15 Hz 以下)→关加热→关引风→顶降。

(3) 把物料倒入料车→试喷→开雾化压力(0.1 MPa)→开蠕动泵(30 mL/min)→顶升→引风→加热(15 ℃至沸腾)→加热→开雾化压力表(0.1 MPa)→开蠕动泵(20～30 mL/min)→制粒时间(40 min 左右)。

(4) 烘干→关蠕动泵→停止 3 min→关雾化压力表→温度 100 ℃→时间 30～40 min→烘干过程中逐渐减小引风→关机→降引风(15 Hz 以下)→关加热→停止 3 min→顶降→取出料车→过筛。

全自动高速压片机(GZPJ 型)操作要点

一、调节操作

(1) 主压手轮:左减右加。

用来调节上、下主压轮间的距离,从而调节施于片剂的压力。

(2) 预压手轮:左减右加。

用来调整上、下预压轮之间的间距,从而调节预压力。

(3) 填充手轮:左加右减。

用来调整填充深度,即调整充填量。

(4) 平移手轮:

用来调整上、下冲头在冲模中压片成型的位置,从而可以保护中模,延长中模使用寿命。

二、设备手动操作步骤

打开总电源→打开机器电源→打开吸尘器→点击“设备测试”→从上往下检查设备是否正常→点击菜单→点击“生产状态”→输入密码→点击进入→点击控制面板→点击“上料、振打”→关闭控制面板→点击主机点动(检查机器是否正常),取 10 粒药片用天平称取为 3 g,每片 0.3 g,检查药片重量、硬度是否合格→点击主机启动→开筛片机→每隔 15 min 检查药片的重量、硬度、压力是否合格$\xrightarrow{\text{停机前}}$点主机降速→点击主机停止→点击菜单→点击初始画面→关筛片机→关吸尘器→关机器电源→关总电源。

三、注意事项

(1) 开机运行时,必须先开吸尘器。
(2) 机器无物料时,不可运行或试机。
(3) 开动机器运行前要把阀门手柄打开。
(4) 应尽量减少空机运转时间,避免冲头受损。
(5) 操作完后,盛片筒内要有标示卡,注明品名、规格、日期、操作人,交于下道工序。

高效包衣机(BGB－C型)操作要点

一、操作步骤

打开空气压缩机→打开总电源→打开机器电源$\xrightarrow{\text{液晶显示屏操作}}$点击系统监控→点手动→点视灯→点温控→打开温控,调节预热温度45 ℃→点返回→点匀浆→调节滚筒转速,转速为6 r/min→点热风→点排风,调节排风速度,一般排风速度大于热风速度→待到预热温度后放药片$\xrightarrow{\text{预热药片约 10 min}}$关热风,关排风$\xrightarrow{\text{试喷}}$点温控,调节包衣温度为60 ℃→调节滚筒转速,转速为7 r/min→点雾化→点喷枪$\xrightarrow{\text{包衣结束后}}$点温控,调节烘干温度为80 ℃→开热风,开排风$\xrightarrow{\text{烘干结束后}}$关匀浆、热风、温控、排风→装出料器→开匀浆→收集完药片→拆出料器→开雾化→喷枪→关雾化、喷枪→点温控→点开温度→开热风、排风→关匀浆、排风→关温控→点返回→关机器电源→关电源→关隔壁屋。

二、注意事项

(1) 排风的速度一定要大于热风的速度(排风大约1 200 L/h,热风大约1 100 L/h)。
(2) 温控不需要调节,可自动调节。
(3) 出料器一定要装在搅拌器两叶之间。
(4) 薄膜包衣浆的比例是14%。
(5) 滚筒里的片剂重量在5～10 kg之间。
(6) 如果机器出现异常,应关闭机器。
(7) 出片后应填写标示卡,注明品名、规格、日期、操作人,交于下道工序。

全自动硬胶囊充填机(NJP－400D型)手动操作要点

手动操作步骤

(1) 主机空转:向外拉(释放胶囊壳结构)→逆时针摇动摇把一圈→拔出摇把→向里推

(释放胶囊结构)。

(2) 开机:开总电源→开机器电源→点击进入→消音→进入系统→出厂设置→参数"100"→点返回键→控制面板→点动主机→点加料键(上)、(下)→开吸尘器→开真空泵→开主机→运行2～3圈→全线停止。

(3) 关机:关吸尘器→关机器电源。

胶囊抛光机手动操作要点

一、准备阶段

(1) 核对药品。

(2) 连接吸尘器,接通电源,检查抛光机运行状态。

(3) 将准备好的胶囊(充填好的)倒入抛光机中,设置适当的转速,开机操作。

二、手动操作过程

接通电源→接入吸尘器电源→接上吸尘器软管→打开吸尘器→打开电源→调节转速(3～4 r/min)→放入胶囊→关转速→关吸尘器→关吸尘器电源→关主机电源。

制袋充填封口包装机(DXDK80CG型)手动操作要点

一、准备阶段

(1) 按批生产指令核对物料。

(2) 检查设备状态。三个绿牌分别表示已清洁、设备完好无损、运行中;黄牌表示待清洁;红牌表示待修理,停止使用。

二、操作

打开总电源→打开机器电源→打开码机电源,调节温度(100～150 ℃)→打开打印开关点动试转→输纸(使绿光点对准包装纸上的切口处标点)→启动主机正常后开离合器手柄→停止→关离合器手柄→关闭电源→关闭总开关。

一般横封在160 ℃左右,纵封在150 ℃左右。

附录二 部分制剂设备操作考核标准

1. 粉碎

专业：________　班级：________　学号：________　姓名：________

考核内容	技能标准	分值	考核评分
粉碎前的准备	按要求更衣	5	
	正确检查粉碎间状态标志(包括设备是否完好、是否清洁消毒，粉碎间是否清场等)	6	
	正确选用适宜的筛网，并能独立进行安装	8	
	正确安装收集袋并检查是否扎紧装好	8	
粉碎过程	正确称取空白淀粉片 200 g	8	
	打开电源开关，空转试机，观察有无异常现象	8	
	将空白淀粉片少量多次地加入粉碎机料斗内，以免负荷过重	10	
	粉碎过程中主机机壳温度不宜过高	6	
	粉碎完毕，按粉碎机标准操作规程关停粉碎机	6	
	打开接料口将料出于洁净的容器内	8	
粉碎后的清场	操作完毕，将粉碎后的药物装入洁净的盛装容器内，容器内、外贴上标签，注明物料品名、规格、批号、数量、日期和操作者的姓名	9	
	按清场程序和设备清洁规程清理工作现场	8	
	如实填写各种生产记录	5	
	填好清验单交中间站进行验收	5	
合计		100	

考核教师：________

考核时间：________年______月______日

2. 过筛

专业：________ 班级：________ 学号：________ 姓名：________

考核内容	技能标准	分值	考核评分
过筛前的准备	根据药物粉碎要求正确选用过筛器械	6	
	检查筛网的规格，确保药物粉末细度符合处方规定的工艺要求	8	
	正确检查过筛器械的运行状态，能够排除常见的故障	6	
	正确检查过筛器械的清洁情况	8	
	正确选择适用的筛网，并仔细检查是否有破损	8	
	正确安装捕吸尘设施	5	
过筛过程	将药粉正确加入振荡筛中	8	
	按照正确的下料顺序下料	5	
	打开电源开关，设定过筛时间进行过筛	6	
	粉碎前要认真检查物料有无黑杂点，色泽是否有变，筛粉过程中也应随时检查，发现有玻璃窗屑、金属、黑杂点或变色应停机	6	
	过筛完毕，按振荡筛标准操作规程关停机	6	
	打开接料口，将料出于洁净的塑料袋内，再装入指定容器	6	
过筛后的清场	操作完毕，将过筛后的药粉装入洁净的盛装容器内，容器内、外贴上标签，注明物料品名、规格、批号、数量、日期和操作者的姓名	6	
	按清场程序和设备清洁规程清理工作现场	6	
	如实填写各种生产记录	5	
	填好清验单交中间站进行验收	5	
合计		100	

考核教师：________

考核时间：________年______月______日

3. 混合

专业：________ 班级：________ 学号：________ 姓名：________

考核内容	技能标准	分值	考核评分
混合前的准备	按三十万级洁净区要求更衣进入混合间	3	
	检查上批清场情况，将“清场合格证”附入批记录	3	
	检查混合机是否具有“完好”及“已清洁”标志	3	
	检查混合所用容器、器具是否清洁，容器外是否有原有的任何标记	3	
	混合间按《三十万级洁净区清洁消毒规程》进行清洁消毒，质量保证(QA)人员检查合格后，签发“生产许可证”	3	
	核查所用物料的品名、规格、数量、质量，确保无误	3	
	挂“正在生产”标志	3	
	根据药物混合要求选用混合器械	6	
	检查混合设备的密闭性是否良好	8	
	正确检查混合器械的运行状态，能够排除常见的故障	6	
混合过程	能够正确调整筒体位置至可装料位置	8	
	将物料从筒体上部进料口装入筒体内	8	
	接通电源，设定混合所需时间，旋转调速旋钮，使之达到正常的混合转速	8	
	混合结束，关闭电源，然后拉开卸料口阀板，将料卸入盛料筒内。容器内、外贴上标签，注明物料品名、规格、批号、数量、日期和操作者的姓名	11	
混合后的清场	按清场程序和设备清洁规程清理工作现场	8	
	如实填写各种生产记录	8	
	填好清验单交中间站进行验收	8	
合计		100	

考核教师：________

考核时间：________年______月______日

4. 普通湿法制粒

专业：________　班级：________　学号：________　姓名：________

考核内容	技能标准	分值	考核评分
制粒前的准备	按要求更衣	5	
	核对本次生产品种的品名、批号、规格、数量、质量，确定黏合剂的种类、浓度、温度	5	
	正确检查制粒间状态标志（包括设备是否完好、是否清洁消毒，操作间是否清场等）	5	
	准备所需容器用具并检查是否清洁	5	
	按规定程序对制粒设备进行润滑、消毒	5	
	按照生产指令规定的品种、规格、数量投料	5	
制粒过程	制软材：开机空转试机，将原辅料混合均匀，并加入适量黏合剂，制成软硬适中的软材	15	
	停机检查软材的质量，合格后出料	5	
	正确选用适宜的筛网，并能独立进行安装	10	
	开摇摆式制粒机空转试机	5	
	加料制粒并检查颗粒质量	10	
	清理颗粒机上的余料	5	
制粒后的清场	操作完毕，将湿颗粒接入烘盘加标签，注明物料品名、规格、批号、数量、日期和操作者的姓名，转入干燥工序	5	
	将生产所剩的尾料收集，标明状态，交中间站	5	
	按清场程序和设备清洁规程清理工作现场	5	
	如实填写各种生产记录	5	
合计		100	

考核教师：________

考核时间：________年______月______日

5. 压片

专业：________　班级：________　学号：________　姓名：________

考核内容	技能标准	分值	考核评分
压片前的准备	按要求更衣	5	
	核对本次生产品种的品名、批号、规格、数量、质量，检查压片所用物料是否符合要求	5	
	正确检查压片工序的状态标志(包括设备是否完好、是否清洁消毒，操作间是否清场等)，将自动上料机的吸管放入盛有总混好物料的桶内，将装药片的桶准备好，要清洁无异味。筛片机放在适当的位置	5	
	按规定程序对压片设备进行润滑、消毒	5	
压片过程	开机试机：打开总电源→打开压片机电源→开吸尘器→输入密码→点击进入→点主机检修→点附机控制→点上料→振打→点主机点动转 2 圈	20	
	试压：点主机启动，试压一定数量的片剂	10	
	检查片剂的片重差异、硬度等	5	
	说出主压手轮(左减右加)、预压手轮、填充手柄(左加右减)、平移手轮的各自作用	5	
	在压片过程中按要求时间称量片重	5	
	关机顺序：点主机停止→点击菜单→点击初始画面→关吸尘器→关机器电源→切断压片机的总电源	10	
	清理压片机上的余料	5	
压片后的清场	操作完毕，将压好的药片装入洁净的盛装容器内，容器内、外贴上标签，注明物料品名、规格、批号、数量、日期和操作者的姓名	5	
	将生产所剩的尾料收集，标明状态，交中间站	5	
	按清场程序和设备清洁规程清理工作现场	5	
	如实填写各种生产记录	5	
合计		100	

考核教师：________

考核时间：________年______月______日

6. 片剂的包衣

专业：________ 班级：________ 学号：________ 姓名：________

考核内容	技能标准	分值	考核评分
包衣前的准备	按要求更衣	5	
	核对本次生产品种的品名、批号、规格、数量、质量，检查包衣所用物料是否符合要求	5	
	正确检查包衣间的状态标志（包括设备是否完好、是否清洁消毒，操作间是否清场等）	5	
	按照生产指令规定的品种、规格、数量称取片芯	5	
包衣过程	打开空压机总电源，过滤开关，打开气阀送压缩空气	5	
	打开加热蒸汽开关	5	
	以适宜速度搅拌衣料浆液	5	
	开包衣机电源→系统监控→手动→温控（开）→开热风→开排风，设置进风温度和出风温度、进风速度和出风速度	10	
	开机预热：把待包衣的片芯倒入包衣锅内，开匀浆预热至 40 ℃左右	10	
	调喷量调角度：将喷枪移至锅外，调节喷量，移至锅内，将角度调至最佳状态	10	
	包衣：控制进风温度（60 ℃）、排风温度、锅体转速，使喷浆包衣至规定厚度	10	
	干燥：停止喷浆，提高进风温度，干燥后，装出片器，出片	5	
	关机顺序：关喷浆→关压缩空气→关匀浆→关热风→关排风→温控（关）→视灯（关）→返回→首页	5	
包衣后的清场	操作完毕，将包好的药片装入洁净的盛装容器内，容器内、外贴上标签，注明物料品名、规格、批号、数量、日期和操作者的姓名，将生产所剩的尾料收集，标明状态，交中间站	5	
	按清场程序和设备清洁规程清理工作现场 设备清场：先洗涤雾化系统，操作完后要及时对包衣机进行清洁，先打开左侧门，拆洗清洗盘，挂上中挡板，用自来水管冲洗包衣机滚筒，再用药用纯水洗。开热风（70～80 ℃），并开动包衣锅转动，烘干	10	
合计		100	

考核教师：________

考核时间：________年______月______日

7. 湿颗粒的干燥

专业：__________ 班级：________ 学号：________ 姓名：________

考核内容	技能标准	分值	考核评分
干燥前的准备	按要求更衣	5	
	核对物料的品名、批号、规格、数量、质量等	5	
	检查生产所用工具是否齐全、洁净	5	
	检查设备的状态标志（包括设备是否完好、是否清洁消毒，操作间是否清场等），压缩空气是否供应正常	5	
	准备好所需湿颗粒	5	
干燥过程	接通控制箱电源，打开压缩空气阀，调节气体压力（0.5～0.6 MPa）	5	
	根据需要设定进风温度 80～100 ℃（先按设定键，然后按加、减数键到所需温度，最后再按设定键即可设定温度）、出风温度 60 ℃	5	
	将制好的颗粒投入流化床干燥器，将小推车推入箱体，待流化床就位正确后，打开顶升，使流化床的物料仓与扩散腔上下处于密封状态	15	
	按引风机启动键，使颗粒在流化床内流化，物料即将干燥	15	
	及时检查烘干情况，根据干燥情况调节引风	5	
	干燥达要求后，关机，降引风（15 Hz 以下），关加热，关引风，取出物料，放入容器	10	
清场	操作完毕，将干燥后的颗粒药物装入洁净的盛装容器内，容器内、外贴上标签，注明物料品名、规格、批号、数量、日期和操作者的姓名	5	
	将生产所剩的尾料收集，标明状态，交中间站	5	
	按清场程序和设备清洁规程清理工作现场	5	
	如实填写各种生产记录	5	
合计		100	

考核教师：________

考核时间：________年______月______日

8. 颗粒分级

专业：________　班级：________　学号：________　姓名：________

考核内容	技能标准	分值	考核评分
过筛前的准备	按要求更衣	6	
	检查筛网的规格是否符合要求，并仔细检查是否有破损	8	
	正确检查过筛器械的状态标志（包括设备是否完好、是否清洁消毒，操作间是否清场等）	6	
	准备好洁净的容器及物料	8	
过筛过程	将颗粒正确加入振荡筛中	10	
	打开电源开关，进行过筛操作	10	
	过筛过程中要认真检查物料有无黑杂点，色泽是否有变	10	
	过筛完毕，按振荡筛标准操作规程关停机	10	
	将符合要求的颗粒和不符合要求的颗粒分别装于洁净的容器内	10	
过筛后的清场	操作完毕，将颗粒装入洁净的盛装容器内，容器内、外贴上标签，注明物料品名、规格、批号、数量、日期和操作者的姓名	6	
	按清场程序和设备清洁规程清理工作现场	6	
	如实填写各种生产记录	5	
	填好清验单交中间站进行验收	5	
合计		100	

考核教师：________

考核时间：________年______月______日

9. 硬胶囊的填充

专业：________　　班级：________　　学号：________　　姓名：________

考核内容	技能标准	分值	考核评分
胶囊填充前的准备	按要求更衣	5	
	核对本次生产品种的品名、批号、规格、数量、质量，检查胶囊填充所用物料是否符合要求及空胶囊规格、颜色是否符合要求	5	
	检查循环水真空泵是否注水	5	
	正确检查胶囊填充设备的状态标志。主机空转：向外拉（释放胶囊壳结构）→摇把逆时针摇 1 圈→拔掉摇把→向里推（释放胶囊结构）	10	
	开机前检查是否为空胶囊壳。准备好总混物料，上料。检查容器是否清洁并放在适当的位置，准备好天平	5	
	开机试运行时检查真空眼是否堵塞	5	
胶囊填充过程	开机试运行：开总电源→开全自动胶囊填充机电源→点击进入键→点击消音键→进入系统→出厂设置→参数“100”→返回键→控制面板→点动主机（转动 1～2 圈）→按手动键→加料键（上）（下）→开吸尘器→开真空泵→开主机→运行 2～3 圈→全线停止	15	
	全自动生产：关闭四门→按自动键→胶囊机每分钟生产能力参数设定→开主机运行	15	
	每隔一段时间检查一次装量	5	
	生产结束后的关机顺序：全线停止→关吸尘器→关机器电源	10	
	处理充填好的胶囊，清理胶囊填充机上的余料	5	
胶囊填充后的清场	操作完毕，将填充好的胶囊装入洁净的盛装容器内，容器内、外贴上标签，注明物料品名、规格、批号、数量、日期和操作者的姓名	5	
	按清场程序和设备清洁规程清理工作现场	5	
	如实填写各种生产记录	5	
合计		100	

考核教师：________

考核时间：________年______月______日

10. 硬胶囊的抛光

专业：________ 班级：________ 学号：________ 姓名：________

考核内容	技能标准	分值	考核评分
胶囊抛光前的准备	按要求更衣	5	
	核对本次生产品种的品名、批号、规格、数量、质量	5	
	检查容器是否清洁并放在适当的位置	5	
	正确检查胶囊抛光机的状态标志	5	
胶囊抛光过程	开机试机：操作接通电源→把吸尘器的电源接入→接上吸尘器软管→打开吸尘器→打开抛光机电源→调节转速（3～4 r/min）	20	
	开机抛光：正确将填充好的胶囊倒入抛光机中，抛光	20	
	结束前加大转速，清净机器内胶囊	10	
	关机顺序：关转速→关吸尘器→关吸尘器电源→关主机电源	10	
胶囊抛光后的清场	操作完毕，将填充好的胶囊装入洁净的盛装容器内，容器内、外贴上标签，注明物料品名、规格、批号、数量、日期和操作者的姓名	5	
	将生产所剩的尾料收集，标明状态，交中间站	5	
	按清场程序和设备清洁规程清理工作现场	5	
	如实填写各种生产记录	5	
合计		100	

注：由实训老师制好胶囊

考核教师：________

考核时间：________年______月______日

11. 硬胶囊的包装

专业：________ 班级：________ 学号：________ 姓名：________

考核内容	技能标准	分值	考核评分
胶囊包装前的准备	核对本次生产品种的品名、批号、规格、数量、质量，检查包装胶囊所用物料是否符合要求	7	
	根据生产指令及胶囊包装要求正确选用胶囊包装设备及模具	8	
	正确检查胶囊包装设备的运行状态，能够排除常见的故障	7	
	按规定程序对胶囊包装设备进行润滑、消毒	5	
	按照生产指令规定的品种、规格、数量投料	10	
胶囊包装过程	设定温度、压力等参数	8	
	串好 PVC 薄膜硬片、铝箔 PTP	10	
	加入胶囊进行试包装，要求封口严密	5	
	按胶囊包装机标准操作规程进行操作	10	
	清理胶囊包装机上的余料	5	
胶囊包装后的清场	操作完毕，将包装好的胶囊装入洁净的盛装容器内，容器内、外贴上标签，注明物料品名、规格、批号、数量、日期和操作者的姓名	5	
	将生产所剩的尾料收集，标明状态，交中间站	5	
	按清场程序和设备清洁规程清理工作现场	10	
	如实填写各种生产记录	5	
合计		100	

考核教师：________

考核时间：________年______月______日

12. 颗粒剂的内包装

专业：________ 班级：________ 学号：________ 姓名：________

考核内容	技能标准	分值	考核评分
颗粒包装前的准备	按要求更衣	5	
	核对本次生产品种的品名、批号、规格、数量、质量，检查颗粒包装所用物料是否符合要求，核对复合膜	5	
	正确检查颗粒包装设备的运行状态，能够排除常见的故障	5	
	按照生产指令规定的品种、规格、数量投料，将总混好的物料倒入加料斗内，准备好容器，要求干净、清洁无异味	5	
	对颗粒包装机上纸	10	
颗粒包装过程	接总电源，开机器电源后，纵封与横封辊加热器即可通电。调整纵封、横封温度控制器旋钮，设置所需要的温度（160 ℃、150 ℃）	10	
	打开打码机电源，调节温度（100～150 ℃）→开打印开关	5	
	设置包装袋长度、袋速等参数（功能键）	5	
	按输纸机→调节光点→启动主机→打开离合器手柄下料，试封几袋	10	
	检查袋量、封口、切刀是否均匀	5	
	正式生产：启动，开离合器下料，10～15 min 称重一次	5	
	颗粒包装完成后关闭离合器手柄→按停止→关闭电源→关闭总开关	10	
颗粒包装后的清场	操作完毕，将包装好的颗粒剂装入洁净的盛装容器内，容器内、外贴上标签，注明物料品名、规格、批号、数量、日期和操作者的姓名	5	
	将生产所剩的尾料收集，标明状态，交中间站	5	
	按清场程序和设备清洁规程清理工作现场	5	
	如实填写各种生产记录	5	
合计		100	

考核教师：________

考核时间：________年______月______日